"高等职业教育分析检验技术专业模块化系列教材"编写委员会

主　任：李慧民

副主任：张　荣　王国民　马滕文

编　委（按拼音顺序排序）：

曹春梅	陈本寿	陈　斌	陈国靖	陈洪敏	陈小亮	陈　渝
陈　源	池雨芮	崔振伟	邓冬莉	邓治宇	刁银军	段正富
高小丽	龚　锋	韩玉花	何小丽	何勇平	胡　婕	胡　莉
黄力武	黄一波	黄永东	季剑波	姜思维	江志勇	揭芳芳
黎　庆	李　芬	李慧民	李　乐	李岷轩	李启华	李希希
李　应	李珍义	廖权昌	林晓毅	刘利亚	刘筱琴	刘玉梅
龙晓虎	鲁　宁	路　蕴	罗　谧	马　健	马　双	马滕文
聂明靖	欧蜀云	欧永春	彭传友	彭华友	秦　源	冉柳霞
任莉萍	任章成	孙建华	谭建川	唐　君	唐淑贞	王　波
王　芳	王国民	王会强	王丽聪	王文斌	王晓刚	王　雨
韦莹莹	吴丽君	夏子乔	熊　凤	徐　溢	薛莉君	严　斌
杨　兵	杨静静	杨　沛	杨　迅	杨永杰	杨振宁	姚　远
易达成	易　莎	袁玉奎	曾祥燕	张华东	张进忠	张　静
张径舟	张　兰	张　雷	张　丽	张曼玲	张　荣	张潇丹
赵其燕	周柏丞	周卫平	朱明吉	左　磊		

高等职业教育分析检验技术专业模块化系列教材

色谱分析及操作

张荣　刘筱琴　主编

杨永杰　主审

化学工业出版社

·北京·

内容简介

本书是高等职业教育分析检验技术专业模块化系列教材的一个分册,包括14个模块,46个学习单元。主要介绍了气相色谱分析、纸色谱分析、薄层色谱分析、高效液相色谱分析、色谱-质谱联用技术的基本知识及基本操作。在每个模块都安排了一定数量的技能操作单元,供学生练习操作、掌握操作技能之用。本书配套有二维码数字资源,并补充有素质拓展阅读,有机融入党的二十大精神。

本书既可作为职业院校分析检验专业群教材,又可作为从事分析检验检测相关工作在职人员的培训教材,还可作为相关人员自学参考资料。

图书在版编目(CIP)数据

色谱分析及操作/张荣,刘筱琴主编.—北京:化学工业出版社,2024.8
ISBN 978-7-122-44797-5

Ⅰ.①色… Ⅱ.①张…②刘… Ⅲ.①色谱法-化学分析 Ⅳ.①O657.7

中国国家版本馆CIP数据核字(2024)第108105号

责任编辑:刘心怡　　　　　文字编辑:王丽娜
责任校对:王鹏飞　　　　　装帧设计:关　飞

出版发行:化学工业出版社
　　　　(北京市东城区青年湖南街13号　邮政编码100011)
印　　装:中煤(北京)印务有限公司
787mm×1092mm　1/16　印张15¾　字数375千字
2024年9月北京第1版第1次印刷

购书咨询:010-64518888　　　售后服务:010-64518899
网　　址:http://www.cip.com.cn

凡购买本书,如有缺损质量问题,本社销售中心负责调换。

定　　价:45.00元　　　　　　　　　版权所有　违者必究

本书编写人员

主 编: 张　荣　重庆化工职业学院
　　　　刘筱琴　重庆化工职业学院

参 编: 欧蜀云　重庆化工职业学院
　　　　龚　锋　重庆工信职业学院
　　　　孙建华　重庆工信职业学院
　　　　江志勇　重庆化工职业学院
　　　　王　雨　重庆市安全生产科学研究有限公司
　　　　吕白桦　重庆化工职业学院

主 审: 杨永杰　天津渤海职业技术学院

序

根据《关于推动现代职业教育高质量发展的意见》和《国家职业教育改革实施方案》文件精神，为做好"三教"改革和配套教材的开发，在中国化工教育协会的领导下，全国石油和化工职业教育教学指导委员会分析检验类专业委员会具体组织指导下，由重庆化工职业学院牵头，依据学院二十多年教育教学改革研究与实践，在改革课题"高职工业分析与检验专业实施MES（模块）教学模式研究"和"高职工业分析与检验专业校企联合人才培养模式改革试点"研究基础上，为建设高水平分析检验检测专业群，组织编写了分析检验技术专业活页式模块化系列教材。

本系列教材为适应职业教育教学改革及科学技术发展的需要，采用国际劳工组织（ILO）开发的模块式技能培训教学模式，依据职业岗位需求标准、工作过程，以系统论、控制论和信息论为理论基础，坚持技术技能为中心的课程改革，将"立德树人、课程思政"有机融合到教材中，将原有课程体系专业人才培养模式，改革为工学结合、校企合作的人才培养模式。

本系列教材分为124个模块、553个学习单元，每个模块包含若干个学习单元，每个学习单元都有明确的"学习目标"和与其紧密对应的"进度检查"。"进度检查"题型多样、形式灵活。进度检查合格，本学习单元的学习目标即可达成。对有技能训练的模块，都有该模块的技能考试内容及评分标准，考试合格，该模块学习任务完成，也就获得了一种或一项技能。分析检验检测专业群中的各专业，可以选择不同学习单元组合成为专业课部分教学内容。

根据课堂教学需要或岗位培训需要，可选择学习单元，进行教学内容设计与安排。每个学习单元旁的编号也便于教学内容顺序安排，具有使用的灵活性。

本系列教材可作为高等职业院校分析检验检测专业群教材使用，也可作为各行业相关分析检验检测技术人员培训教材使用，还可供各行业、企事业单位从事分析检验检测和管理工作的有关人员自学或参考。

本系列教材在编写过程中得到中国化工教育协会、全国石油和化工职业教育教学指导委员会、化学工业出版社的帮助和指导，参加教材编写的教师、研究员、工程师、技师有103人，他们来自全国本科院校、职业院校、企事业单位、科研院所等34个单位，在此一并表示感谢。

张荣
2022年12月

前言

本书是在中国化工教育协会领导下，全国石油和化工职业教育教学指导委员会分析检验类专业委员会具体组织指导下，由重庆化工职业学院牵头，组织多所职业院校教师、科研院所研究员、企业工程技术人员和高级技师编写而成。

本教材由14个模块46个学习单元组成，主要介绍气相色谱分析仪器和液相色谱分析仪器的分析测定基本原理、操作使用方法和样品分析。通过学习单元前的"学习目标"明确学习要求及知识点；"进度检查"安排在每个学习单元后面，及时进行知识点的巩固，学以致用；"素质拓展阅读"扩展视野，作为教材的补充和延续，有机融入党的二十大精神。本教材能够帮助学习者掌握色谱分析的基本知识，深度落实产教融合，侧重实际的操作和应用，希望学习者能够将这些知识在实际工作中加以运用。

本书由张荣、刘筱琴主编，杨永杰主审。其中模块1由张荣编写，模块2由张荣、欧蜀云编写，模块3由张荣、龚锋编写，模块4、5由张荣、江志勇编写，模块6由张荣、孙建华编写，模块7~9由张荣、刘筱琴编写，模块10由张荣、吕白桦和王雨编写，模块11~14由刘筱琴编写，全书由张荣统稿。

本书编写过程中参阅和引用了一些文献资料和著作，在此一并感谢。由于编者水平和实际工作经验等方面的限制，书中难免有不妥之处，敬请读者和同行们批评指正。

编者

2023年11月

目录

模块 1　气相色谱气路系统操作　　1

学习单元 1-1　色谱分析概述　/ 1
学习单元 1-2　色谱法术语　/ 7
学习单元 1-3　气相色谱法基础知识　/ 11
学习单元 1-4　高压气瓶的使用操作　/ 17
学习单元 1-5　气相色谱仪的结构　/ 21
学习单元 1-6　气相色谱仪气路系统连接及检漏　/ 35
学习单元 1-7　气相色谱仪载气流速的测定和校正　/ 45

模块 2　气相色谱仪的操作　　49

学习单元 2-1　气相色谱控温单元的启动与调试操作　/ 49
学习单元 2-2　热导检测器和氢火焰离子化检测器的结构及工作原理　/ 57
学习单元 2-3　气相色谱用热导检测器开机和停机操作　/ 63
学习单元 2-4　气相色谱用氢火焰离子化检测器开机和停机操作　/ 67
学习单元 2-5　N2000 色谱工作站的使用　/ 71

模块 3　气相色谱进样操作　　113

学习单元 3-1　气体进样器和液体进样器　/ 113
学习单元 3-2　气相色谱进样操作　/ 117

模块 4　气相色谱热导检测器灵敏度的测定　　121

学习单元 4-1　气相色谱检测器性能基本知识　/ 121
学习单元 4-2　气相色谱热导检测器灵敏度的测定　/ 125

模块 5　气相色谱氢火焰离子化检测器灵敏度的测定　　　129

模块 6　气相色谱的定性分析　　　131

　　学习单元 6-1　色谱定性分析知识　/ 131
　　学习单元 6-2　气相色谱参数的测定及计算　/ 133
　　学习单元 6-3　气相色谱保留值定性分析　/ 135

模块 7　气相色谱归一化定量分析　　　139

　　学习单元 7-1　色谱定量分析基本知识　/ 139
　　学习单元 7-2　峰面积及校正因子的测量　/ 141
　　学习单元 7-3　苯同系物的测定　/ 145

模块 8　气相色谱外标法定量分析　　　149

　　学习单元 8-1　外标法定量分析　/ 149
　　学习单元 8-2　半水煤气的气相色谱分析　/ 151
　　学习单元 8-3　乙醇中少量水分的测定　/ 155

模块 9　气相色谱内标法定量分析　　　159

　　学习单元 9-1　内标法定量分析　/ 159
　　学习单元 9-2　苯乙烯中杂质含量的测定　/ 161
　　学习单元 9-3　异丙醇中杂质含量的测定　/ 163

模块 10　气相色谱仪的维护和保养方法　　　167

　　学习单元 10-1　GC102AT 和 GC102AF 气相色谱仪的维护和保养　/ 167
　　学习单元 10-2　气相色谱仪常见故障及排除方法　/ 171

模块 11　纸色谱法　　　177

　　学习单元 11-1　纸色谱法的原理　/ 177
　　学习单元 11-2　纸色谱法的操作　/ 181
　　学习单元 11-3　羟基乙酸比移值的测定　/ 185

模块 12　薄层色谱法　　189

　　学习单元 12-1　薄层色谱法原理　/ 189
　　学习单元 12-2　薄层色谱法的操作　/ 195
　　学习单元 12-3　异烟肼中游离肼的检查　/ 201

模块 13　高效液相色谱法　　205

　　学习单元 13-1　高效液相色谱法的基本知识　/ 205
　　学习单元 13-2　高效液相色谱仪的结构和工作原理　/ 213
　　学习单元 13-3　高效液相色谱仪的操作　/ 219
　　学习单元 13-4　高效液相色谱仪的维护与保养　/ 223
　　学习单元 13-5　对羟基苯甲酸酯类混合物的分析　/ 225
　　学习单元 13-6　工业用丁二烯中特丁基邻苯二酚的测定　/ 227

模块 14　色谱-质谱联用技术　　231

　　学习单元 14-1　质谱法的概述　/ 231
　　学习单元 14-2　气相色谱-质谱联用　/ 233
　　学习单元 14-3　液相色谱-质谱联用　/ 237

附录　　239

参考文献　　241

模块 1　气相色谱气路系统操作

编号 FJC-88-01

学习单元 1-1　色谱分析概述

职业领域： 化工、石油、环保、医药、冶金、建材、轻工。
工作范围： 分析。
学习目标： 了解色谱法的分类和气相色谱分析的特点，掌握色谱分析的分离过程。

色谱法又称色层法或层析法，是一种物理化学分离方法，将色谱分离技术应用于分析化学领域，并与适当的检测手段相结合，就构成了色谱分析技术。

1906 年，俄国植物学家茨维特在研究植物叶的色素成分时，将植物叶色素的石油醚提取液倾入一根装有颗粒碳酸钙吸附剂的竖直玻璃柱管中，并不断地以纯净石油醚来冲洗柱子，使其冲洗液自由流下。经过一段时间以后，发现在玻璃柱管内形成间隔明晰、不同颜色的谱带（图 1-1），然后按谱带的颜色对混合物进行了鉴定分析。当时，茨维特就把这种分离方法命名为色谱法，而把这根玻璃柱管称作色谱柱，玻璃柱中的碳酸钙称为固定相，冲洗用的石油醚称为流动相。

用化学分离法（如蒸馏、升华、结晶、溶剂萃取）和化学沉淀法所不能分离的那些物理常数相近、化学性质相类似的同系物和异构体等复杂组分，采用色谱分析法可能达到较好的分离效果。在近几十年中，色谱分析法已得到了极其广泛的应用，特别是气相色谱和高效液相色谱的迅速发展，使得色谱法已成为石油、化工、食品、生物化学、环境保护等领域中不可缺少的一种分离、分析手段。

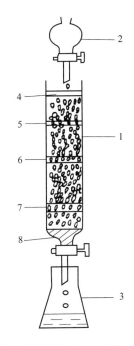

图 1-1　色谱分离示意图
1—装有 $CaCO_3$ 的色谱柱；2—装有石油醚的分液漏斗；3—接收洗脱液的锥形瓶；4—色谱柱顶端石油醚层；5—绿色叶绿素；6—黄色叶黄素；7—黄色胡萝卜素；8—色谱柱出口填充的棉花

一、色谱法的分类

1. 按两相所处状态分类

用液体作流动相的色谱法称为液相色谱法；用气体作流动相的色谱法称为气相色谱法。由于固定相物态的不同，液相色谱法又分为液固色谱法和液液色谱法；气相色谱法又分为气固色谱法和气液色谱法。

2. 按固定相使用形式分类

（1）柱色谱法　将固定相装在柱中，试样沿一个方向移动而进行分离的色谱法称为柱色谱法。柱色谱法又可分为两类：一类称为填充柱色谱法，即将固定相填充于玻璃管或金属管内；另一类称为毛细管色谱法，即将固定相附在一根细长空心管子的内壁上，也可把固定相装在玻璃管内，再拉成毛细管柱，此柱称为填充毛细管柱。

（2）纸色谱法　利用滤纸作为固定相，把试样点在滤纸上，然后用溶剂展开，各组分在滤纸上的不同位置以斑点形式显现，从而达到分离的目的，这种方法称为纸色谱法。根据滤纸上斑点的位置和大小，可进行定性和定量分析。

（3）薄层色谱法　将适当粒度的吸附剂作为固定相涂布成薄层，然后采取与纸色谱法类似的操作，即可达到分离分析的目的，这种方法称为薄层色谱法。

3. 按样品组分在两相间分离机理分类

利用组分在流动相和固定相之间的分离原理不同而命名，包括吸附色谱法、分配色谱法、离子交换色谱法、离子色谱法和超临界流体色谱法等。

二、色谱法的分离过程及流程

1. 色谱法的分离过程

混合组分的样品在色谱柱中分离的原理是：同一时刻进入色谱柱中的各组分，由于在流动相和固定相之间溶解、吸附、渗透或离子交换等作用的不同，随流动相在色谱柱中运行时，在两相间进行反复多次（$10^3 \sim 10^6$ 次）的分配，原来分配系数具有微小差别的各组分产生了保留能力明显差异的效果，进而各组分在色谱柱中的移动速度就不同，经过一定长度的色谱柱后，彼此分离开来，最后按顺序流出色谱柱而进入信号检测器，在记录仪或色谱数据机上显示出各组分的色谱行为和谱峰数值（图1-2）。

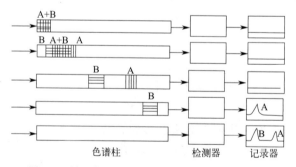

图1-2　样品各组分在色谱柱中分离过程示意图

2. 色谱法的装置流程

气相色谱装置流程如图1-3所示。

由图1-3可知，气相色谱仪一般由载气系统（Ⅰ）、进样系统（Ⅱ）、分离系统（Ⅲ）、检测系统（Ⅳ）和记录系统（Ⅴ）五部分组成。

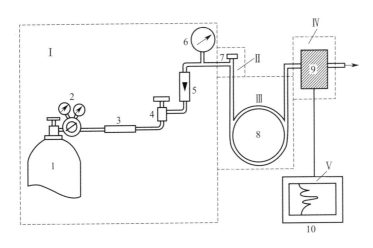

图 1-3 气相色谱装置流程示意图

1—高压钢瓶；2—减压阀；3—净化干燥管；4—针形阀；5—流量计；
6—压力表；7—进样器和汽化室；8—色谱柱；9—检测器；10—记录仪

3. 样品色谱分析示例

(1) 有机氯农药的分析　目前有机农药主要为有机磷和有机氯两大类。有机磷农药的急性毒性大，但易分解；有机氯农药急性毒性较小、性质稳定、不易破坏，有机氯农药的分离分析色谱见图 1-4。使用选择性检测器，可直接进行痕量分析。

(2) 水中常见有机溶剂的分析　气相色谱法在环境监测中的应用也十分广泛，如用于有关气体、水质和土壤污染情况的分析。水中溶剂的分离分析色谱见图 1-5。

三、色谱分析法的特点

1. 高效能

色谱分析法可对分配系数十分相近的组分和极为复杂的多组分混合物进行分析，这种高效能作用主要通过色谱柱足够的理论塔板数（填充柱为几千每米，毛细管柱可达到 $10^5 \sim 10^6 \mathrm{m}^{-1}$）来实现。

2. 高选择性

固定相对性质极为相似的组分，如同位素、烃类异构体等有较强的分离能力。主要通过选用高选择性的固定液，使各相间的分离系数有较大的差别而实现分离。

3. 高灵敏度

高灵敏度检测器可以检测出 $10^{-13} \sim 10^{-11}$ g 的物质，因此，在痕量分析中可大显功效。

4. 分析速度快

一般较为复杂的样品可在几分钟到几十分钟内完成，快速分析可以在 1s 内分析 6~7 个组分。目前，电子计算机控制的色谱分析使色谱操作及数据处理完全自动化，速度很快。

色谱法不足之处在于不能对未知物准确定性。如果将色谱法与质谱、红外光谱、核磁共振等方法联用，不仅能准确定性，而且还能体现色谱法的高分离效能，是现代色谱分析技术的发展方向。

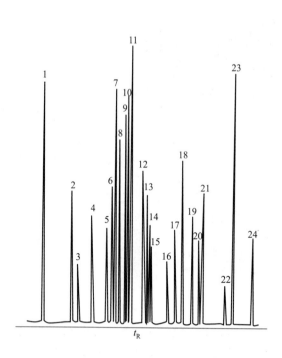

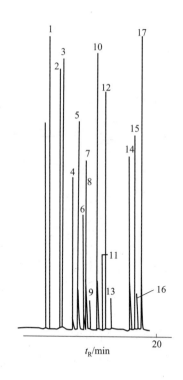

图 1-4 有机氯农药的分离分析色谱图

色谱峰：1—氯丹；2—七氯；3—艾氏剂；4—碳氯灵；5—氧化氯丹；6—光七氯；7—光六氯；8—七氯环氧化合物；9—反氯丹；10—反九氯；11—顺氯丹；12—狄氏剂；13—异狄氏剂；14—二氢灭蚁灵；15—p,p'-DDE；16—氢代灭蚁灵；17—开蓬（十氯酮）；18—光艾氏剂；19—p,p'-DDT；20—灭蚁灵；21—异狄氏剂醛；22—异狄氏剂酮；23—甲氧滴滴涕；24—光狄氏剂

色谱柱：OV-101，20m×0.24mm

柱温：80℃→250℃，4℃/min

检测器：电子捕获检测器（ECD）

图 1-5 水中溶剂的分离分析色谱图

色谱峰：1—乙腈；2—甲基乙基酮；3—仲丁醇；4—1,2-二氯乙烷；5—苯；6—1,1-二氯丙烷；7—1,2-二氯丙烷；8—2,3-二氯丙烷；9—氯甲代氧丙环；10—甲基异丁基酮；11—反-1,3-二氯丙烷；12—甲苯；13—未定；14—对二甲苯；15—1,2,3-三氯丙烷；16—2,3-二氯取代醇；17—乙基戊基酮

色谱柱：CP-Sil 5CB，25m×0.32mm

柱温：35℃（3min）→220℃，10℃/min

载气：H_2

检测器：氢火焰离子化检测器（FID）

进度检查

色谱分析基本原理与分类

一、填空题

1. 用液体作流动相的色谱法称为 _____。
2. 用气体作流动相的色谱法称为 _____。
3. 气相色谱法分为气固色谱法和 _____。
4. 色谱分析方法的特点：高效能、高选择性、_____ 和分析速度快。

二、简答题

1. 简述色谱法分离样品的过程。
2. 气相色谱仪一般由哪五部分组成？

素质拓展阅读

卢佩章院士（1925年10月7日—2017年8月23日），男，出生于浙江杭州，籍贯福建永定，是我国著名的分析化学与色谱学家。卢院士出生在内忧外患的旧中国，1938年杭州沦陷，13岁的他眼看帝国主义的侵略，无比愤恨，不得不随家流亡到重庆，从此开始了他在祖国大西南的求学生涯。1948年，卢佩章从上海同济大学化学系毕业后留校任助教，1949年新中国成立前夕，他怀着发展祖国科学技术事业的勃勃雄心，奔赴百废待兴的东北，走进了当时新组建的中国科学院大连化学物理研究所的前身——大连大学科学研究所。

新中国成立初期，百废待兴，能源供应严重匮乏，卢佩章参与了用煤制取石油这一国民经济急需的科研任务，承担了其中水煤气合成产品的分析任务，完成了"熔铁催化剂水煤气合成液体燃料及化工产品"项目，并于1953年获国家自然科学三等奖。之后不久，新的国家任务使他转变了专业方向，他与色谱结下了不解之缘。卢佩章和他的研究小组经过无数次失败，终于设计出了中国第一台体积色谱仪，使分析石油样品的时间由原来的30多小时缩短到不到1小时，这一开创中国色谱学先河的研究成果广受关注，并很快在全国的石油化工企业普及使用。

20世纪60年代，卢佩章的研究方向转向国防工业。在第一颗原子弹爆炸前，他与沈阳金属所合作建立了真空熔融色谱法，测定了金属铀中痕量氩的含量，解决了国防工业的难题。1960年，由于国家对液氢生产及稀有气体的需求迫切，卢佩章院士组建了超纯气体分析组，研制开发了国际上只有个别发达国家才有的新型分子筛催化剂，如105脱氧催化剂等；利用吸附浓缩净化的方法制备了6个"9"以上的超纯氢、氦、氩等气体，并建立了相应的测试方法，满足了核工业、航天工业和电子工业对超纯气体的需要。

20世纪70年代中期，卢佩章成功研究出K-1型高效吸附型液相色谱柱，达到国际先进水平，并在国际上首次提出影响柱效的是柱外效应，而不是管壁效应。80年代以来，卢佩章领导开展了国际水平的色谱系统理论、技术和软件的开发等研究，推动了我国色谱事业的发展。

卢佩章从事色谱研究工作60余年，一生热爱祖国、崇尚科学、严谨求实、无私敬业，将全部心血奉献给了中国分析化学事业，为国防科技事业的发展做出重大的贡献。这位中国色谱分析的先驱者之一，是当之无愧的"中国色谱之父"。

编号 FJC-88-02

学习单元 1-2　色谱法术语

职业领域：化工、石油、环保、医药、冶金、建材、轻工。
工作范围：分析。
学习目标：掌握色谱分析术语、色谱参数和色谱图相关术语。

一、色谱分析一般术语

（1）固定相　色谱柱内、薄层板上、薄层棒上或纸上（包括纸本身）不移动的、起分离作用的物质。

（2）固定液　固定相的组成部分，指涂渍在载体表面起分离作用的物质。

（3）吸附剂　具有吸附活性并用于色谱分离的固体物质。

（4）载体　负载固定液的惰性固体物质。

（5）流动相　在色谱柱中用以携带试样以及展开或洗脱组分的流体。

（6）载气　用作流动相的气体。

（7）辅助气体　在色谱分析过程中除通过色谱柱的载气以外的任何气体。

（8）色谱图　色谱柱流出物通过检测器系统时所产生的响应信号对时间或流动相流出体积的曲线图，或者通过适当方法观察到的纸色谱或薄层色谱斑点、谱带分布图。

（9）色谱柱　内有固定相用以分离混合物组分的柱管。

（10）色谱峰　色谱柱流出组分通过检测器系统时所产生的响应信号的微分曲线。

二、色谱参数

（1）死时间（t_M）　不被固定相滞留的组分从进样到出现峰最大值所需要的时间（图1-6）。

（2）保留时间（t_R）　组分从进样到出现峰最大值所需的时间（图1-6）。

（3）调整保留时间（t_R'）　减去死时间的保留时间（图1-6）。

$$t_R' = t_R - t_M \tag{1-1}$$

（4）死体积（V_M）　不被固定相滞留的组分从进样到出现峰最大值所需的载气体积。

$$V_M = t_M F_C \tag{1-2}$$

式中，F_C 为载气流速，mL/min。

（5）保留体积（V_R）　组分从进样到出现峰最大值所通过的载气体积。

$$V_R = t_R F_C \tag{1-3}$$

（6）调整保留体积（V_R'）　减去死体积的保留体积。

$$V_R' = V_R - V_M \tag{1-4}$$

（7）相对保留值（$r_{i,s}$）　在相同的操作条件下，组分与参比组分的调整保留值之比。

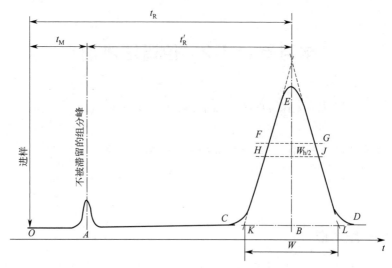

图 1-6 色谱流出曲线图

$$r_{i,s} = \frac{t'_{R(i)}}{t'_{R(s)}} = \frac{V'_{R(i)}}{V'_{R(s)}} \tag{1-5}$$

（8）分配系数（K） 在平衡状态时，组分在固定液与流动相中的浓度之比。

$$K = \frac{c_L}{c_G} \tag{1-6}$$

（9）分离度（R） 两个相邻色谱峰的分离程度以两个组分保留值之差与其平均峰宽值之比表示（图 1-7）。

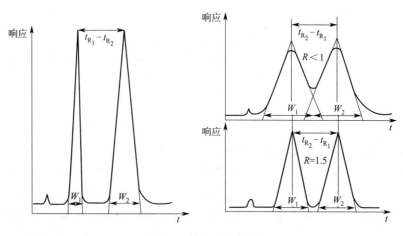

图 1-7 分离度示意图

三、色谱图相关术语

（1）峰底 峰的起点与终点之间连接的直线（图 1-6 中的 CD）。

（2）峰高（h） 从峰的最大值到峰底的距离（图 1-6 中的 BE）。

（3）峰宽（W） 在峰两侧拐点（F，G）处所作切线与峰底相交两点间的距离（图 1-6 中的 KL）。

(4) 半峰宽（$W_{h/2}$） 通过峰高的中点作平行于峰底的直线，此直线与峰两侧相交两点之间的距离（图 1-6 中的 HJ）。

(5) 峰面积（A） 峰与峰底之间的面积（图 1-6 中的 $CHEJDC$）。

(6) 基线 色谱系统稳定后，无样品通过时检测器所反映的信号-时间曲线，稳定的基线是一条水平直线。

色谱分析基本术语

进度检查

一、填空题

色谱图 1-8 中的死时间为 $O'A'$，保留时间为____，调整保留时间为____，峰高为____，半峰宽为____。

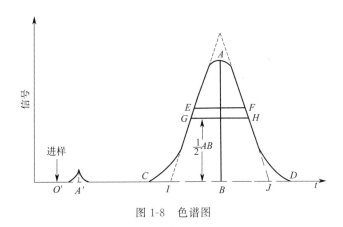

图 1-8 色谱图

二、判断题（正确的在括号内画"√"，错误的画"×"）

1. 色谱柱内不移动的、起分离作用的物质称为固定相。　　　　　　　　　　（　　）
2. 涂渍在载体表面起分离作用的物质称为固定液。　　　　　　　　　　　　（　　）
3. 负载固定液的惰性固体物质称为载体。　　　　　　　　　　　　　　　　（　　）
4. 色谱图 1-8 中的 CD 段称为峰底。　　　　　　　　　　　　　　　　　（　　）

三、选择题

1. 通常把色谱柱内不移动的、起分离作用的固体物质为（　　）。
   A. 担体　　　　　B. 载体　　　　　C. 固定相　　　　D. 固定液
2. 具有吸附活性并用于色谱分离的固体物质为（　　）。
   A. 吸附剂　　　　B. 载体　　　　　C. 载气　　　　　D. 辅助气体
3. 在平衡状态时，组分在固定液与流动相中的浓度之比为（　　）。
   A. 调整分离时间　B. 分离度　　　　C. 分配系数　　　D. 相对保留值
4. 组分从进样到出现峰最大值所需的时间为（　　）。
   A. 死体积　　　　B. 调整保留时间　C. 保留时间　　　D. 死时间

编号 FJC-88-03

学习单元 1-3　气相色谱法基础知识

职业领域：化工、石油、环保、医药、冶金、建材、轻工。
工作范围：分析。
学习目标：熟悉气相色谱法的分类及基本原理。

一、气相色谱法的分类

按色谱柱的粗细，气相色谱法分为填充柱色谱法及毛细管柱色谱法两类；按固定相的状态不同，又可分为气-固色谱法和气-液色谱法两类；按分离机制不同，可分为吸附色谱法及分配色谱法两类。气-液色谱法属于分配色谱法，固定相是涂渍在载体或毛细管内壁上的高沸点有机物（称为固定液）。由于固定液种类多，故选择性较好，应用广泛。

二、气相色谱法基本理论

气相色谱分离效果可直观地表现在色谱图的峰间距和峰宽上。只有相邻色谱峰的峰间距离足够远，峰宽度较窄时，组分才能达到良好的分离。

色谱峰的峰间距离取决于组分在固定相和流动相之间的分配系数，即与色谱过程的热力学因素有关，可用塔板理论来描述。色谱峰的宽度则与组分在色谱柱中的扩散和运行速度等因素有关，即与动力学因素有关，可用速率理论来讨论。

（一）塔板理论

对色谱分析过程进行解释时，人们引进了精馏过程中塔板理论的概念，即把色谱柱视为一个精馏塔，塔内有一系列连续、相等的水平塔板，每一块塔板的高度称为理论塔板高度，以 H 表示。塔板理论假设：在每一块塔板上，被分离组分在气液两相间很快达到分配平衡，然后随气相从一块塔板向下一块塔板迁移。若色谱柱的柱长为 L，则被分离组分达到分配平衡的次数为：

$$n = L/H \tag{1-7}$$

式中，n 为理论塔板数。从定性的角度看，理论塔板数 n 越多或理论塔板高度 H 越小，则柱效能越高。

理论塔板数 n 还可以根据色谱图按式(1-8)计算：

$$n = 5.54\left(\frac{t_R}{W_{\frac{h}{2}}}\right)^2 = 16\left(\frac{t_R}{W}\right)^2 \tag{1-8}$$

由于存在死时间 t_M，它包括在 t_R 中，但不参加柱内的分配，故尽管有时计算出来的 n 很大，H 很小，但色谱柱表现出来的实际分离效能却并不好，所以常用有效塔板数 $n_{有效}$ 表示柱效能：

$$n_{\text{有效}} = 5.54 \left(\frac{t'_R}{W_{\frac{h}{2}}}\right)^2 = 16 \left(\frac{t'_R}{W}\right)^2 \tag{1-9}$$

有效塔板高度为：

$$H_{\text{有效}} = \frac{L}{n_{\text{有效}}} \tag{1-10}$$

理论塔板数 n 是反映色谱柱的柱效能的指标，其物理意义在于说明组分在柱中反复分配平衡的次数的多少。n 越大，平衡次数越多，柱效越高，分离效果越好；反之，分离效果越差。

> **【例1-1】** 已知某组分峰的峰宽为40s，保留时间为400s。
> （1）计算此色谱柱的理论塔板数；
> （2）若柱长为1.00m，求此色谱柱的理论塔板高度。
>
> **解**
> $$n = 16\left(\frac{t_R}{W}\right)^2 = 16 \times \left(\frac{400}{40}\right)^2 = 1600$$
> $$H = L/n = 1.00/1600 = 6.25 \times 10^{-4} \text{(m)}$$

> **【例1-2】** 已知某组分A在一根1m长的色谱柱上的调整保留时间为50s，柱的有效塔板数为2000块，求A峰的半峰宽及有效塔板高度。
>
> **解** 根据式(1-9)和式(1-10)得
> $$W_{\frac{h}{2}} = \sqrt{\frac{5.54}{n_{\text{有效}}}} \times t'_R = \sqrt{\frac{5.54}{2000}} \times 50$$
> $$= 2.63 \text{(s)}$$
> $$H_{\text{有效}} = \frac{L}{n_{\text{有效}}} = \frac{1}{2000} = 5.0 \times 10^{-4} \text{(m)}$$

（二）速率理论

塔板理论不能解释同一色谱柱在不同载气流速下柱效能不同等实验事实。虽然在计算理论塔板数的公式中包含了色谱峰宽项，但塔板理论本身不能说明为什么色谱峰会展宽，也未能指出哪些因素影响塔板高度，从而未能指明如何才能减少组分在柱中的扩散和提高柱效的方法。其原因是塔板理论没有考虑到各种动力学因素对色谱柱中传质过程的影响。速率理论在塔板理论的基础上指出，组分在柱中运行时由多路径及浓度梯度造成的分子扩散，以及在两相间质量传递不能瞬间实现平衡，是造成色谱峰展宽，使柱效能下降的原因。速率理论可用范第姆特方程描述：

$$H = A + B/\mu + C\mu \tag{1-11}$$

式中，μ 为流动相速度；A、B、C 为与柱性能有关的常数。从式(1-11)可看出，μ 一定时，只有当 A、B、C 较小时，H 才能小，柱效能才能高。

1. 涡流扩散项 A

色谱柱中填充的固定相的颗粒大小、形状往往不可能完全相同，填充的均匀性也有差别。组分在流动相载带下流过柱子时，会因碰到填充物颗粒和填充的不均匀性，而不断改变流动的方向和速度,使组分在气相中形成紊乱的类似涡流的流动,如图1-9所示。涡流的出现使同一组分分子在气流中的路径长短不一,如图1-9中质点③在颗粒间的间隙形成的直通流路中运行,而质点①的路径最弯曲。所以前者走近路先抵达终点,后者绕过填充物颗粒走弯路而后抵达终点。如果终点以平均到达的时间为准(如质点②),则各组分分子所走过的路径长短不同,其结果使色谱峰展宽。

由于 $A=2\lambda d_p$,表明 A 与填充物的平均颗粒直径 d_p 的大小和填充不规则因子 λ 有关,与流动相的性质、流速和组分性质无关,因此应当使用适当粒度和颗粒均匀的填充物,并尽量填充均匀,使 A 值降至最小。

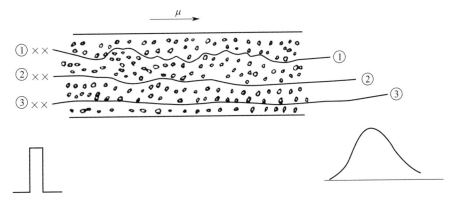

图 1-9 涡流扩散引起谱峰的展宽

2. 分子扩散项 B/μ

组分分子在柱内存在着轴向浓度梯度,因此引起沿着色谱柱轴向的分子扩散效应而使色谱峰变宽。

在气相色谱中,分子扩散项系数 B 可表示为 $B=2\lambda D_g$。式中,λ 称弯曲因子,它表明柱填充物对分子扩散的阻碍程度;D_g 是组分在气相中的扩散系数,cm^2/s。D_g 除与组分性质有关外,还与组分在气相中的保留时间、柱温、柱压和载气的性质等因素有关。为了减小由分子扩散引起的色谱峰变宽,可采用较高的载气流速、使用分子量较大的载气(如 N_2)、控制较低的柱温。

3. 传质阻力项 $C\mu$

传质阻力项包括气相传质阻力和液相传质阻力两部分:$C\mu=(C_g+C_l)\mu$。气相传质阻力是由于组分在色谱柱内运行时,靠近固定相颗粒边缘的组分分子受到的阻力大于流束中央的分子,产生流动速度的差异,如图1-10所示,从而引起峰形的扩展。液相传质阻力是由于一部分组分分子渗入固定液的较深处,在固定液中滞留的时间较长;而另一部分组分分子渗入较浅,滞留的时间较短,因而前进的速度不一致。液相传质阻力与固定液涂渍厚度有关,也与组分在液相中的扩散系数有关。

速率理论较好地解释了影响塔板高度的各种因素,对选择合适的色谱操作条件具有指导意义。

三、固定相及其选择

气相色谱分析中,组分的分离是在色谱柱内完成的,故分离效能主要取决于柱中固定相的选择和填充工艺,同时色谱柱的柱管材料、形状、尺寸、接头密封程度、老化处理等对组分的分离检测也有较大影响。

(一)载体

载体是表面积较大且为多孔结构的固体颗粒,它的作用是支承固定液,使之附着其上,形成一层薄而均匀的液膜。选择载体时要求载体比表面积要大、化学惰性要好、形状规则、机械强度要高,且为多孔结构,孔径分布均匀。

图 1-10 气相传质阻力引起谱峰展宽

1. 载体的种类和性能

载体一般可分为:硅藻土类和非硅藻土类。其中硅藻土类载体在气相色谱中应用最为广泛,它分为红色载体和白色载体两种,两种载体的化学组成均以硅、铝氧化物为主体,内部结构均以水合无定形氧化硅和少量金属氧化物杂质为骨架。

红色载体由天然硅藻土于 900℃ 煅烧而成,因含少量氧化铁颗粒呈红色而得名。红色载体的机械强度高、孔径小、比表面积大,能涂渍较多的固定液,适合分离非极性组分。但红色载体的表面吸附性较强、有一定的催化活性,故不适于分离极性组分。

白色载体是用天然硅藻土与少量 Na_2CO_3 助熔剂经煅烧而成,因在煅烧时氧化铁转变为无色的铁硅酸钠配合物,使硅藻土呈白色而得名。白色载体的特点是吸附性较低、催化活性也小,有利于在较高的柱温下使用,适合分离极性组分。但与红色载体相比,其机械强度较差、表面积较小且孔径较大。表 1-1 列出了国产硅藻土载体的性质和用途。

表 1-1 国产硅藻土载体的性质和用途

载体名称		性质	用途
红色硅藻土载体	6201 载体 201 载体	具有一般红色载体特点	分析非极性、弱极性物质
	釉化载体 301 载体	性质介于红色和白色载体之间	分析中等极性物质
白色硅藻土载体	101 白色载体 102 白色载体	一般白色载体	用于配合极性固定液;分析极性或碱性物质
	101 硅烷化白色载体 102 硅烷化白色载体	经硅烷化处理	分析高沸点、氢键型物质

2. 硅藻土载体的预处理

普通硅藻土载体的表面并非完全惰性,具有硅醇和硅醚结构,并含有少量金属氧化物,因此它表面存在吸附活性和催化活性。由于在它上面涂渍极性固定液时,往往分布不均匀,分析极性样品时容易造成色谱峰的拖尾,因此,在涂渍固定液以前需要对载体进行预处理,以使表面钝化。

常用的预处理方法有:酸、碱洗(消除载体表面的碱性或酸性基团);硅烷化(消除氢键结合力，改进载体性能）；釉化（在载体表面涂上一层玻璃化的釉质层）和其他钝化处理方法。

上述预处理一般只在低固定液用量、分析较强极性样品时采用。目前，市面上已有经过预处理的载体出售，可直接购买使用。

（二）固体固定相

1. 聚合物

聚合物固定相是近年来发展较快的一种新型固定相，这种固定相主要是以二乙烯基苯为单体交联聚合而成的小球，或是用各种不同单体与二乙烯基苯共聚而得的不同极性的产品。这些不同极性聚合物能适应各种不同被分离体系的要求，应用十分广泛。

交联二乙烯基苯聚合物作为固定相，其最大特点在于对强极性化合物（醇、酮、酸、酯、胺等）的分离可以得到满意的结果；特别是水的保留值较绝大多数有机物小，峰形窄而对称，这为大量有机物中微量水的定量分析创造了有利条件。

此外，碳化偏氯乙烯也是一种近年来发展的新型固定相，其表面结构均匀、能耐高温，对于稀有气体、永久性气体以及低级烃的分离有优越的性能。

我国生产的聚合物固定相型号有 GDX、TDX 及其同类产品。

2. 吸附剂

在气相色谱分析中，吸附剂是应用历史最久的固定相，其最大特点是耐高温（无流失）和对烃类异构体的分离有很好的选择性。缺点是能用作色谱固定相的吸附剂品种很少，应用范围不广，加上吸附等温线的非线性使有些色谱峰不对称；以及其性能与制备和活化条件有密切关系，以致不同来源的同一种吸附剂甚至同一来源但非同批产品的吸附剂分离性能均难重复，给分析工作带来许多困难。

近年来，通过对吸附剂表面进行物理化学改性，研制出表面结构均匀的吸附剂（例如石墨化炭黑），不但使极性化合物的色谱峰不致拖尾，而且可以成功地分离一些顺、反式空间异构体。

常用的吸附剂有活性炭、硅胶、氧化铝和分子筛 4 类。

（三）固定液

在气液色谱分析中，固定液是物质能否有效地分离的一个决定性因素。

1. 对固定液的要求

① 在操作温度下，有较低的蒸气压、良好的热稳定性，无流失。

② 在操作温度下，呈液体状态，黏度要低，以便能牢固地附着在载体上，形成均匀和结构稳定的薄膜。

③ 对样品组分有足够的溶解能力，否则它们将迅速地被载气带走而难以分离。

④ 化学稳定性要好，不能和组分、载体和载气发生不可逆的化学反应。

2. 被测组分与固定液分子间的相互作用

固定液与组分分子间的相互作用力直接影响色谱柱的分离情况，与固定液作用力大的组分将较迟流出柱子，而与固定液作用力小的组分则先流出柱子。因此，必须充分了解样品中各组分性质及各类固定液的性能，以便选择合适的固定液。

3. 固定液的极性和分类

气液色谱用的固定液种类繁多，具有不同的组成、性质和用途。目前，普遍采用相对极性来表示固定液的分离特性。相对极性的测定方法有：规定非极性固定液角鲨烷的极性为 0，强极性固定液 β,β′-氧二丙腈的极性为 100，然后选择一物质对如正丁烷和丁二烯，分别测定它们在角鲨烷、氧二丙腈及待测极性固定液的色谱柱上的相对保留值，将其取对数经适当计算后得到相对极性的大小。各种固定液的相对极性在 0～100 之间，这就给固定液选择提供了极性大小的尺度。国内把 0～100 间数值分成 5 级，每 20 为一级，用一个"＋"表示。"＋"越多，表示固定液极性越强。非极性（即相对极性为 0）以"－"表示。

按相对极性把固定液分为非极性固定液，相对极性为－～＋1；弱极性固定液，相对极性为＋1～＋2；中等极性固定液，相对极性为＋3；强极性固定液，相对极性为＋4～＋5。

4. 固定液的选择

在色谱分析中，为了能在较短的色谱柱上达到所给定的分离分析要求，则需选择适宜的固定液。一般固定液的选择可按照"相似相溶"的规律，即所选固定液的性质应与被分离组分之间有某些相似性，如极性、官能团、化学键及某些化学性质等。固定液分子和被分离组分分子越相似，色谱柱对该组分的保留能力越强、选择性越高，各组分分子之间性质差异越大，各组分的分离效果越好。一般按以下几个方面进行选择。

① 对于非极性物质，选择非极性固定液；
② 对于中等极性物质，选择中等极性固定液；
③ 对于强极性物质，选择强极性固定液；
④ 对于能形成氢键的物质，一般选用极性或氢键型固定液；
⑤ 对于复杂、难分离的物质，可选用两种或两种以上的混合固定液配合使用。

进度检查

一、简答题

1. 根据范第姆特方程简述影响塔板高度 H 的因素。
2. 对色谱固定液有何要求？
3. 聚合物和吸附剂各有什么特点？

二、计算题

某色谱柱长 0.5m，测得某组分的保留时间为 4.59min，峰底宽度为 53s，空气峰保留时间为 30s。计算该色谱柱的有效塔板数和有效塔板高度。

编号 FJC-88-04

学习单元 1-4 高压气瓶的使用操作

职业领域：化工、石油、环保、医药、冶金、建材、轻工。
工作范围：分析。
学习目标：能够依据气瓶颜色确认瓶内气体，掌握高压气瓶的操作使用方法。
所需仪器、药品和设备

序号	名称及说明	数量
1	高压气瓶（H_2 和 N_2）	各1个
2	扳手	1个
3	H_2 和 O_2 减压阀	各1个

在气相色谱分析中，往往由高压气瓶供给载气。高压气瓶提供的载气，经减压阀减压、净化器净化后，由气体调节阀调节到所需流速，进入气相色谱仪。因而掌握高压气瓶的相关操作对气相色谱分析十分重要。

一、高压气瓶的结构及标记

高压气瓶是高压容器，内装各种压缩气体或液化气体，是用无缝合金钢管或碳素钢管制成的圆柱形容器，其壁厚为 5～8cm，容量为 12～55L，底部呈圆形，顶部装有启闭气门（即气瓶开关阀），气门侧面（支管）接头上有连接螺纹，用于可燃气体的为左旋（反向），用于非可燃气体的为右旋（正向）（图1-11）。

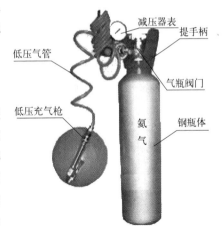

图 1-11 高压气瓶结构

根据瓶内气体种类将气瓶漆成不同的颜色及标记（表1-2），这样就便于从气瓶颜色上识别瓶中所装的气体，同时还能起到保护气瓶、防锈、防腐蚀的作用。

表 1-2 气瓶颜色及标记

序号	介质名称	化学式	瓶色	字样	字色
1	氢	H_2	淡绿	氢	大红
2	氧	O_2	淡蓝	氧	黑
3	氮	N_2	黑	氮	白
4	溶解乙炔	C_2H_2	白	乙炔不可近火	大红

二、高压气瓶使用操作方法

1. 减压阀

高压气瓶内的压力一般很高,而使用所需的压力却往往比较小,单靠启闭气门不能准确调节气体的放出量。为了降低压力并保持稳压,就需要装上减压阀。减压阀装在高压气瓶的出口,用来将高压气体调节到较小的工作压力,通常将 9.8~15MPa 压力减小到 0.5MPa 左右。减压阀结构如图 1-12 所示。

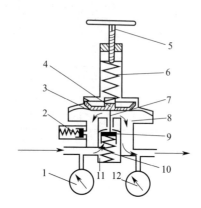

图 1-12 减压阀结构示意图

1—高压压力表;2—安全阀;3—薄膜;4—压板;5—调节螺杆;6—弹簧;7—连接拉杆;
8—低压气室;9—减压活门;10—回动弹簧;11—高压气室;12—低压压力表

2. 气瓶使用方法

(1) 安装减压阀 将减压阀用螺母装在高压气瓶阀的支管 2 上(图 1-13),并用扳手把螺母旋紧。

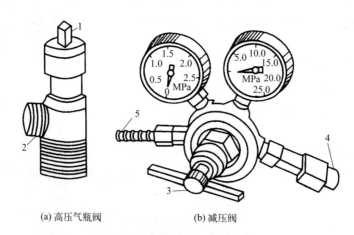

(a) 高压气瓶阀 (b) 减压阀

图 1-13 高压气瓶阀和减压阀

1—高压气瓶阀;2—高压气瓶阀支管;3—减压阀螺旋;4—接高压气瓶阀;5—低压气体出口

(2) 开启气瓶

① 沿逆时针方向转动高压气瓶阀 1 至全开;

② 按顺时针方向缓慢转动减压阀螺旋 3,观察使进入减压阀低压室压力达到需要值。

(3) 关闭气瓶

① 将减压阀螺旋 3 沿逆时针方向转动至低压室全关；

② 沿顺时针方向转动高压气瓶阀 1 至全关，此时高压室压力指针下降；

③ 将减压阀螺旋 3 沿顺时针转动至低压室全开，此时低压室储存的气体即放空，压力表指针指向零；

④ 最后将减压阀螺旋 3 沿逆时针方向转动旋松即可。

三、高压气瓶安全使用规则

① 高压气瓶应放在阴凉、干燥、远离热源、远离明火的地方。严禁暴晒，避免与强酸、强碱接触，防止水浸，防止被油脂或其他有机化合物沾污。

② 高压气瓶直立放置时，应用支架、套环或铁丝固定，以防摔倒。水平放置时，必须垫稳，防止滚动。

③ 搬运高压气瓶时，应套上防护帽和防震胶圈，严禁撞击、摔碰或剧烈振动，以防撞断阀门，引起爆炸。套上防护帽还可以防止灰尘或油脂沾到瓶阀上。

④ 使用高压气瓶时，必须选用合适的减压表，拧紧丝扣，不得漏气。氢气表与氧气表结构不同，丝扣相反，不准改用。氧气钢瓶及减压阀严禁黏附油脂。

⑤ 开启高压气瓶阀门时要缓慢，应先检查减压阀螺杆是否松开，操作者必须站在气体出口的侧面，严禁敲打阀门。

⑥ 各种气瓶使用到最后的剩余压力不得少于 0.05MPa，以防止充气或再使用时发生危险。

⑦ 高压气瓶应定期进行试压检验，一般钢瓶三年检一次，到期未经检验或锈蚀破损严重的、漏气的一律不得使用。

进度检查

一、判断题（正确的在括号内画"√"，错误的画"×"）

1. 减压阀可以保证高压气瓶内输出压力稳定。　　　　　　　　　　（　　）
2. 高压氢气瓶的瓶色应为淡绿色。　　　　　　　　　　　　　　　（　　）
3. 氢气和氧气减压阀可以互换使用。　　　　　　　　　　　　　　（　　）
4. 环境温度对高压气瓶的保管无关紧要。　　　　　　　　　　　　（　　）

二、选择题

1. 高压氮气瓶的瓶色为（　　）。
   A. 淡绿　　　　　B. 淡蓝　　　　　C. 黑色　　　　　D. 白色
2. 高压氢气瓶瓶色为淡绿色，其字样氢的字色为（　　）。
   A. 大红　　　　　B. 黑　　　　　　C. 淡黄

三、简答题

试述高压气瓶安全使用规则是什么？

四、操作题

高压气瓶使用练习。

编号 FJC-88-05

学习单元 1-5 气相色谱仪的结构

职业领域：化工、石油、环保、医药、冶金、建材等。
工作范围：分析。
学习目标：掌握 GC102AT/AF 气相色谱仪的组成和各部分的作用，了解其技术特性和操作流程。
所需仪器、药品和设备

序号	名称及说明	数量
1	GC102AT 气相色谱仪	1 台
2	GC102AF 气相色谱仪	1 台

气相色谱仪是化工分析中常用的分析仪器，国内外各厂家所生产的型号繁多，性能各有优劣，其基本结构却是一样，由五大系统组成：载气系统、进样系统、分离系统、检测系统和记录系统。下面以 GC102AF 气相色谱仪和 GC102AT 气相色谱仪为例说明气相色谱仪的结构。

一、GC102AF 气相色谱仪的特点结构

1. 仪器的特点

GC102AF 气相色谱仪是微机化、低价格、高性能、全新设计的普及型气相色谱仪，带有火焰离子化检测器（FID），具有高稳定性、结构简洁合理、操作方便、外形美观等优点。GC102AF 气相色谱仪主要特点如下：

① 微机控制，控制精度高。

② 键盘设定各种控制和使用参数（包括检测器操作参数），机内具有自我诊断、断电保护、文件存储及调用、柱箱过温保护、自动点火等功能，可准确显示各路温度控制设定值和实际值、FID 放大器灵敏度、信号源极性、流量设置值（手动）等。

③ 仪器具有单气路系统，精确的刻度式气路控制阀件，具有高重现性和稳定性。

④ 仪器可进行填充柱分析或大口径毛细管柱分析。

填充柱：柱上进样、瞬时汽化进样、气体进样。

毛细管柱：0.53mm 大口径柱直接进样。

⑤ 开放式的微机系统可选配 RS-232 接口与 N2000 色谱工作站联用，实现双向通信及数据处理。

⑥ 大容量柱箱（300mm×280mm×270mm）方便安装填充柱和毛细管；具有内藏式加热丝结构。

GC102AF/AT 气相色谱仪仪器全套如图 1-14 所示。

2. 仪器的技术指标及使用要求

（1）柱箱温度指标

柱箱温度范围：室温上 15～399℃（增量 1℃）。

控温精度：优于±0.1℃（200℃时测）。

（2）进样器、火焰离子化检测器温度指标

温度范围：室温上 15～399℃。

控温精度：优于±0.1℃（200℃时测）。

（3）火焰离子化检测器

检测限：$D_t \leqslant 1 \times 10^{-10}$ g/s（异辛烷中正十六烷）。

基线噪声：$\leqslant 2 \times 10^{-13}$ A。

基线漂移：$\leqslant 2 \times 10^{-12}$ A/h。

线性范围：$\geqslant 10^6$。

最高极限温度：399℃。

图 1-14 GC102AF/AT 气相色谱仪

（4）仪器使用要求

电源电压：±22～220V，50Hz±0.5Hz。

仪器总功率：≤1500W。

环境温度：5～35℃。

相对湿度：≤85%。

环境条件：仪器安放场所不得有腐蚀性气体及影响仪器正常工作的电场或磁场存在，仪器安放工作台应稳固，不得有振动。在离氢气瓶 2m 以内不得有电炉和火种存在。

（5）外形尺寸

575mm(长)×480mm(宽)×490mm(高)。

（6）重量

50kg。该重量仅为主机净重的参考值，并不包括仪器所带附件及备件的重量。

3. 仪器的工作原理

气相色谱仪是以气体作为流动相（载气），当样品由微量注射器"注射"进入进样器后被载气携带进入填充柱或毛细管色谱柱。由于样品中各组分在色谱柱中的流动相（气相）和固定相（液相或固相）间分配系数或吸附系数的差异，在载气的冲洗下，各组分在两相间反复多次分配，在柱中得到分离；然后用接在柱后的检测器根据组分的物理化学特性，将各组分按顺序检测出来。GC102AF 气相色谱仪就是根据上述原理制造的分析仪器，其原理框图如图 1-15 所示。

4. 仪器的组成及作用

GC102AF 气相色谱仪由检测器、进样器、色谱柱箱、流量控制部件、温控及检测器电路部件等部分组成，参见图 1-15。

基型仪器中部是色谱柱箱，右侧上部是微机温度控制器，右侧中部是 FID 微电流放大器，右侧下部是流量控制部件及气路面板，柱箱上方左部是火焰离子化检测器安装位置以及热导检测器（TCD）安装位置，柱箱上方右部是进样器。

（1）色谱柱箱　GC102AF 气相色谱仪柱箱容积大，可方便安装毛细管柱或填充柱，其

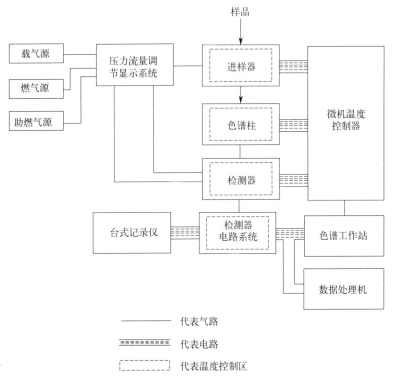

图 1-15　GC102AF 气相色谱仪原理框图

有效空间为 280mm×300mm×180mm；且升温速度快，过冲温度小。柱箱加热丝隐藏在网板后面，从而可避免加热丝辐射所引起弹性石英毛细管柱的峰形分裂。此外，本机采用了低噪声电机，运行平稳且机震小。

柱箱加热丝总功率约 1000W，当柱箱温度超过 420℃时，箱内加热丝熔断片立即熔化（熔断片安装在网板右后部位），以切断加热丝回路保护柱箱。重新开机前，必须先拔掉电源线插头，切断仪器电源后，再卸下"网板"，更换熔断片（6片并联）。柱箱示意图见图 1-16。

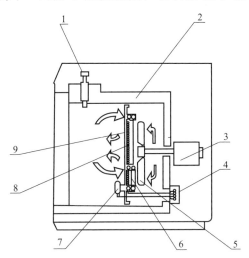

图 1-16　柱箱示意图（侧视）
1—进样器；2—保温层；3—鼓风电机；4—柱箱加热丝和铂电阻接线端；
5—搅拌风扇；6—熔断片；7—铂电阻；8—加热丝；9—网板

模块 1　气相色谱气路系统操作

（2）进样器　本仪器基型配有填充柱进样器，可根据需要灵活改接成 0.53mm 大口径毛细管直接进样器。进样器结构见图 1-17。填充柱进样器安装在主机顶部右侧导热体内，导热体内同时安装有电热元件（100W）和陶瓷铂电阻，由微机温度控制器控制其温度。填充柱进样器的载气由不锈钢管直接和气路控制系统的稳流阀出口处的接头连接。

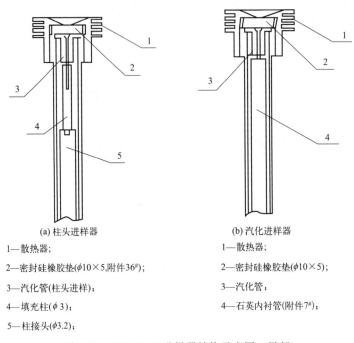

(a) 柱头进样器
1—散热器；
2—密封硅橡胶垫（ϕ10×5，附件36#）；
3—汽化管（柱头进样）；
4—填充柱（ϕ3）；
5—柱接头（ϕ3.2）；

(b) 汽化进样器
1—散热器；
2—密封硅橡胶垫（ϕ10×5）；
3—汽化管；
4—石英内衬管（附件7#）；

图 1-17　GC102AF 进样器结构示意图（局部）

（3）气路控制系统　GC102AF 气相色谱仪的气路系统是仪器的关键部件，其稳定性能直接影响仪器的噪声、漂移及开机重复性。载气流路为单填充柱流路结构，氢气及空气流路均可独立调节。

① 载气流路　载气流量由稳流阀调节，载气稳流阀为机械刻度式，由上游稳压阀提供稳定的输入气压（出厂时调至约 0.3MPa）；稳流阀的输出流量可以从相应的刻度-流量表上查得（注意：流量与气体种类有关），即稳流阀旋钮上的每一千刻度与所代表的流量呈标非线性关系。由于刻度-流量表具有约 0.5% 精度，故可省去转子流量计，如需更精确的流量值可用皂膜流量计测量。参见图 1-18。

② 氢气及空气流路　GC102AF 气相色谱仪的辅助气路有空气及氢气，参见图 1-18。氢气及空气流量调节采用刻度式针形阀，氢气和空气针形阀由上游稳压阀提供稳定的输入气压，针形阀的输出流量可分别从相应的刻度-流量表上查得。也就是说，要设置和改变氢气和空气流量，仅需改变相应针形阀旋钮的刻度指示即可。空气和氢气调节旋钮在主机右侧左下方的面板上。

（4）微机温度控制器　GC102AF 气相色谱仪的微机温度控制器可对色谱柱箱、进样器、检测器，共三路被控区域进行宽温度范围、高精度的温度控制。该控制系统采用了先进的软、硬件技术和结构，大屏幕汉字液晶显示信息量大，且直观易懂，可准确显示各路温控设定值和实际值、FID 放大器灵敏度及气路控制阀门的流量记事栏。控制系统通过键盘设定各种控制和使用参数（包括检测器操作参数），机内具有自诊断、断电保护、文件存储及调

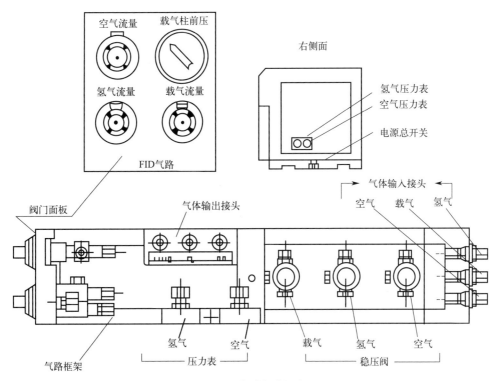

图 1-18 气路控制面板

用、FID 自动点火等功能。此外，可选配 RS-232 接口，与 N2000 型色谱工作站连接，对其温度设置及系统状态实现双向传输及控制。该温度控制器还可对 FID 放大器的量程及极性选择与显示实现微机化。

GC102AF 气相色谱仪的温度控制器采用大板结构，即在一块线路板上集合了从稳压电源、铂阻采样及 A/D 转换、中央处理器（CPU）及单片机系统到可控硅等大部分功能，将电路板面积和连接件数量最小化，从而提高了可靠性，也有利于装配及维护。该电路板称为微机主板。此外，还有一块键盘显示板和一块 RS-232 串行通信接口板，与微机主板组成微机温度控制系统（图 1-19）。

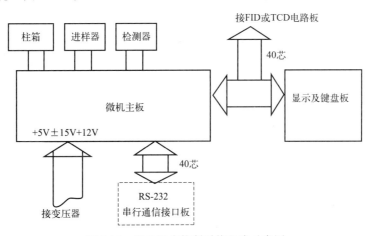

图 1-19 微机温度控制系统组成示意图

模块 1 气相色谱气路系统操作

① 面板与键盘　GC102AF气相色谱仪的微机温度控制器面板如图1-20所示。

图1-20　GC102AF气相色谱仪微机温度控制器面板示意图

仪器的各电路板部件、气路部件安装及仪器右侧面和背面如图1-21所示。

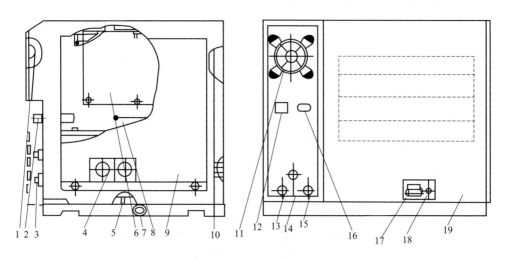

图1-21　仪器右侧面及背面示意图

1—微机温控面板；2—FID放大器面板；3—气路调节阀门；4—辅助气压力表；5—气路框架；6—温控主电路板；7—电源总开关；8—放大器电路板；9—侧盖板；10—后底板；11—散热风扇；12—检测器信号输出；13—空气输入；14—载气输入；15—氢气输入；16—RS-232接口；17—电源输入插座；18—保险丝座；19—后盖板

② 微机温度控制器键盘的功能　GC102AF的微机温度控制器总共有7个专用键，其功能如下：

[起始/停止]——当参数全部设置完成后，使仪器温度处于工作或停止状态。

[参数设定]——需设置或改变已设置参数的数值时，按动此键。

[↑][↓]——上升、下降键，设置对象增加、减小参数值时分别按动这两个键。

[选项]——选择参数设置对象。

[文件]——选择仪器不同的操作条件,共有0~9十组文件可选择或存储。

[点火]——当仪器已按各操作参数运行稳定后,开启氢气和空气即可进行点火,按下该键,离子室点火圈便自动点燃5~10s。

(5) 检测器系统　检测器是气相色谱仪的重要部件,它能感知到与载气性质不同的组分,并能指示出载气中各分离组分及其浓度的变化。

① FID与主机的连接　GC102AF的FID置于主机的顶部前端,其基座安装在一个铝质导热体内。该导热体同时还装有电热元件(150W)和陶瓷铂电阻,与微机温度控制器内的总电路板相接,其信号引出线通过高频电缆线与FID微电流放大器内屏蔽盒上的信号入口相连。发射极-点火极(共用一个铂金丝线圈)的引出线通过导线与总电路板上专用插座连接。色谱柱出口端装入柱箱顶部的FID入口端,用螺母及石墨垫圈连接、密封。氢气及空气由不锈钢管从主机上方的气路控制系统接头处引入。图1-22为FID与主机连接示意图。

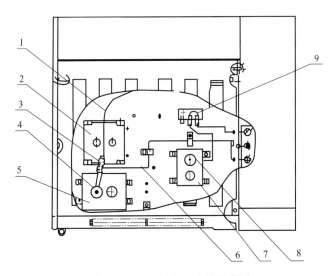

图1-22　FID与主机连接示意图
1—点火极(发射极);2—TCD安装孔;3—FID收集极电缆;4—FID;5—FID加热体;
6—辅助气导管;7—进样器加热体;8—进样口;9—六通阀安装架

② FID微电流放大器及面板设置　GC102AF气相色谱仪的FID微电流放大器采用电流/电压变换式工作原理,将FID收集极所获得的离子流(经高频电缆线传输)进行转换和放大,然后送至记录仪或数据处理装置。

GC102AF FID微电流放大器的量程、极性设定、点火均由微机系统来实现,但调零(粗调、细调)功能由FID微电流放大器面板上的两个旋钮来完成。调整粗、细调,即基始电流补偿旋钮,可使记录仪和数据处理机或色谱工作站的记录笔(光标)调至适当位置。FID微电流放大器面板布置见图1-23。

(6) 记录仪表　用以记录检测器的色谱电信号。记录仪或色谱数据处理设备的连接方法为:GC102AF的FID放大器输出信号内部已连至主机电箱右侧下方的"检测器信号"插座(见图1-21),从仪器外部用信号导线部件可连接到记录仪或数据处理机或N2000色谱工作站的信号端,该信号受控于面板上的调零旋钮。不论是接记录仪或接数据处理机及N2000色谱工作站,FID放大器灵敏度(量程)、极性改变均由GC102AF主机微机面板设定,但信

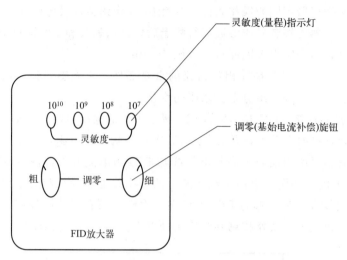

图 1-23 FID 微电流放大器面板布置示意图

号衰减功能则由记录仪或数据处理机或 N2000 色谱工作站来完成。连接步骤如下所述：

① 将记录仪信号导线部件的任何一端口或数据处理机信号导线部件的带插头端口，插入主机电箱右侧下方印有"检测器信号"字样的插座上（请注意：端口 3 号针芯为地，1 号、2 号针芯为色谱信号）。

② 两根导线部件的另一端口分别连接相应记录仪或数据处理机的信号输入端，对 N2000 色谱工作站则接至色谱工作站输入信号线的接线端上。参见图 1-24。

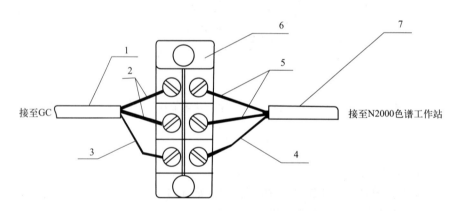

图 1-24　GC102AF 与 N2000 信号连接示意图
1—GC102AF 数据处理机信号导线部件；2，5—塑料导线，传送色谱信号；3，4—金属屏蔽线接地；
6—接线端子，为 N2000 色谱工作站附件；7—色谱工作站信号导线部件，为 N2000 色谱工作站附件

二、GC102AT 气相色谱仪的结构

1. 仪器的特点

GC102AT 气相色谱仪系微机化、低价格、高性能、全新设计的普及型气相色谱仪，带有热导检测器（TCD），具有高稳定性、结构简洁合理、操作方便、外形美观等优点。GC102AT 气相色谱仪主要特点如下：

① 微机控制，控制精度高。

② 键盘设定各种控制和使用参数（包括检测器操作参数），机内具有自我诊断、断电保护、文件存储及调用、柱箱过温保护、自动点火等功能，可准确显示各路温度控制设定值和实际值、TCD 桥电流、信号源极性、载气流量设置值（手动）等。

③ 仪器具有双气路系统、精确的刻度式气路控制阀件，具有高重现性和稳定性。

④ 仪器可进行填充柱分析。其中填充柱可以采取柱上进样、瞬时汽化进样、气体进样。

⑤ 开放式的微机系统可选配 RS-232 接口与 N2000 色谱工作站联用，实现双向通信及数据处理。

⑥ 大容量柱箱，能方便安装金属柱和玻璃柱；具有内藏式加热丝结构。

仪器如图 1-14 所示。

2. 仪器的技术指标及使用要求

（1）柱箱温度指标

柱箱温度范围：室温上 15～399℃（增量 1℃）。

控温精度：优于±0.1℃（200℃时测）。

（2）进样器、热导检测器温度指标

温度范围：室温上 15～399℃。

控温精度：优于±0.1℃（200℃时测）。

（3）热导检测器

灵敏度：$S \geqslant 1500(mV \cdot mL)/mg$（异辛烷中正十六烷，载气：氢）。

基线噪声：$\leqslant 20\mu V$。

基线漂移：$\leqslant 50\mu V/h$。

线性范围：$\geqslant 10^4$。

极限温度：399℃。

（4）仪器使用要求

电源电压：±22～220V，50Hz±0.5Hz。

仪器总功率：≤1500W。

环境温度：5～35℃。

相对湿度：≤85%。

环境条件：仪器安放场所不得有腐蚀性气体及影响仪器正常工作的电场或磁场存在，仪器安放工作台应稳固，不得有振动。在氢气瓶 2m 以内不得有火种存在或着火的可能性。

3. 仪器的工作原理

气相色谱仪是以气体作为流动相（载气），当样品由微量注射器"注射"进入进样器后被载气携带进入填充柱或毛细管色谱柱。由于样品中各组分在色谱柱中的流动相（气相）和固定相（液相或固相）间分配系数或吸附系数的差异，在载气的冲洗下，各组分在两相间作反复多次分配，在柱中得到分离；然后用接在柱后的检测器根据组分的物理化学特性，将各组分按顺序检测出来。GC102AT 气相色谱仪原理框图如图 1-25 所示。

4. 仪器的组成及作用

GC102AT 气相色谱仪由检测器、进样器、色谱柱箱、流量控制部件、温控及检测器电路部件等部分组成，参见图 1-15 和图 1-26。

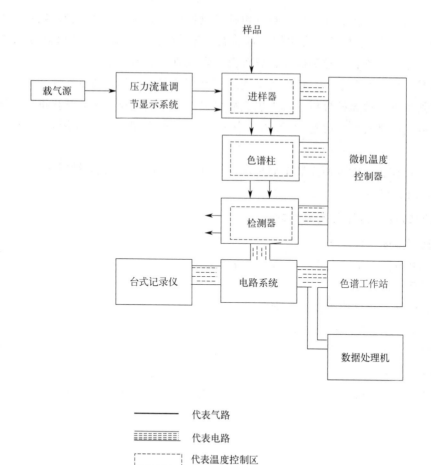

图 1-25 GC102AT 气相色谱仪原理框图

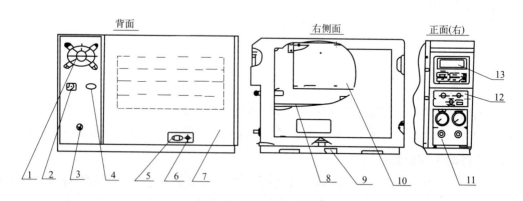

图 1-26 仪器部件安装图

1—散热风扇；2—检测器信号输出；3—载气输入接头；4—RS-232 接口；5—电源输入插座；
6—保险丝（10A）座；7—后盖板；8—恒流源电路板；9—电源总开关；10—微机温控电路板；
11—气路部件；12—TCD 调零面板；13—微机温控显示及键盘板

基型仪器中部是色谱柱箱，右侧上部是微机温度控制器，右侧中部是 TCD 恒流源，右侧下部是流量控制部件及气路面板，柱箱上方左部是热导检测器安装位置以及离子化检测器安装位置，柱箱上方右部是进样器。

仪器的各电路板部件、气路部件安装部位及背面、右侧面和正面的示意图见图1-26。

(1) 色谱柱箱　GC102AT气相色谱仪柱箱容积大，可方便安装毛细管柱或填充柱，其有效空间为280mm×300mm×180mm，且升温速度快，过冲温度小。柱箱加热丝隐藏在网板后面，从而可避免加热丝热辐射对分离柱的温度影响。此外，本机采用了低噪声电机，运行平稳且机震小。

柱箱加热丝总功率约1000W，当柱箱温度超过420℃时，箱内加热丝熔断片立即熔化（熔断片安装在网板右后部位），以切断加热丝回路保护柱箱。重新开机前，必须先拔掉电源线插头，切断仪器电源后，再卸下"网板"，更换熔断片（6片并联）。柱箱示意图见图1-16。

(2) 进样器　本仪器基型配有双填充柱进样器，可根据需要选择使用柱头进样或汽化进样两种进样方式。进样器结构见图1-17。两填充柱进样管安装在主机顶部右侧导热体内，导热体内同时安装有电热元件（100W）和陶瓷铂电阻，由微机温度控制器控制其温度。两填充柱进样器的载气由不锈钢管直接和气路控制系统的两稳流阀出口处的接头连接。

(3) 气路控制系统

① 气路系统　GC102AT气相色谱仪的气路系统是仪器的关键部件，其稳定性能直接影响仪器的噪声、漂移及开机重复性。载气流路为双填充柱流路结构。

② 载气流路　A、B载气流量由两稳流阀分别调节，稳流阀为机械刻度式，由上游各自的稳压阀提供稳定的输入气压（出厂时调至约0.3MPa）；两稳流阀各自的输出流量可以从相应的刻度-流量表上查得（注意：流量与气体种类有关），即稳流阀旋钮上的每一个刻度与所代表的流量呈标非线性关系。由于刻度-流量表具有优于0.5%的精度，故可省去转子流量计，如需更精确的流量值可用皂膜流量计测量。参见图1-27。

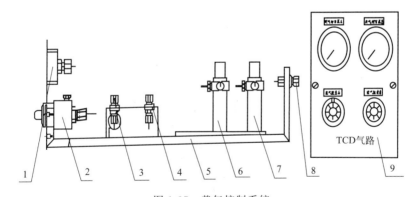

图1-27　载气控制系统

1—柱前压力表；2—载气稳流阀；3—载气B输出；4—载气A输出；5—气路框架；6—载气B稳压阀；7—载气A稳压阀；8—载气输入接头；9—TCD气路

(4) 微机温度控制器　GC102AT气相色谱仪的微机温度控制器可对色谱柱箱、进样器、检测器，共三路被控区域进行宽温度范围、高精度的温度控制。该控制系统采用了先进的软、硬件技术和结构，大屏幕汉字液晶显示信息量大，且直观易懂，可准确显示各路温控设定值和实际值、TCD桥路电流及A、B载气流路气路的流量记事栏。控制系统通过键盘设定各种控制和使用参数（包括TCD操作参数），机内具有自诊断、断电保护、文件存储及调用等功能。此外，可选配RS-232接口，与N2000型色谱工作站连接，对其温度设置及系统状态实现双向传输及控制。该温度控制器还可对极性选择、TCD 电流的设定与显示实现微机化。

GC102AT 气相色谱仪的温度控制器与 GC102AF 气相色谱仪一样采用大板结构，其微机系统组成见图 1-19。

① 面板与键盘　GC102AT 的微机温度控制器面板可参见图 1-20。它只比 GC102AF 少一个 [点火] 键。

② 微机温度控制器键盘的功能　GC102AT 的微机温度控制器总共有 6 个专用键，其功能如下：

[起始/停止]——当参数全部设置完成后，使仪器温度处于工作或停止状态。

[参数设定]——需设置或改变已设置参数的数值时，按动此键。

[↑] [↓]——上升、下降键，设置对象增加、减小参数值时分别按动此二键。

[选项]——选择参数设置对象。

[文件]——选择仪器不同的操作条件，共有 0～9 十组文件可选择或存储。

(5) 检测器系统　检测器是气相色谱仪的重要部件，它能感知到与载气性质不同的组分，并能指示出载气中各分离组分及其浓度的变化。

① TCD 与主机的连接　GC102AT 的热导池体安装在一个厚壁铝合金盒内，为了减小池体受外界温度变化的影响，池体被腾空吊在盒中间，四周填充热惰性较大的玻璃小球，以增加池体的热惰性，从而达到提高检测器热稳定性的目的。整个铝合金盒固定在一个导热体上，该导热体中装有电热元件（加热芯，150W）和陶瓷铂电阻（100Ω/0℃），其引线与微机温度控制器内的总电路板相接。装有池体的导热体安装在一个金属外壳中，其间充填玻璃棉用于隔热。检测器结构示意见图 1-28。

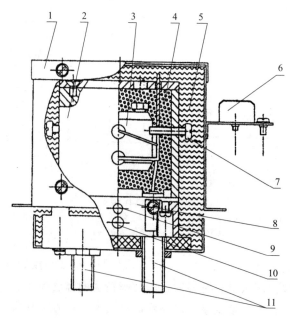

图 1-28　GC102AT 热导检测器

1—检测器外壳；2—铝合金盒；3—热导池体；4—玻璃珠；5—玻璃棉；6—接线架（热导信号）；7—固定螺栓；8—导热体；9—铂电阻；10—加热芯；11—池体进气接头

上述热导检测器部件安装在主机顶部的左侧中间，热导池钨丝通过接线架上的引线（导线部件）与恒流源的电路板相连接。池体的进气接头直接插入柱箱内与色谱柱（A、B两根）的出口相接，以减少柱后死体积。热导检测器在 GC102AT 主机上的安装位置示意见图 1-29。

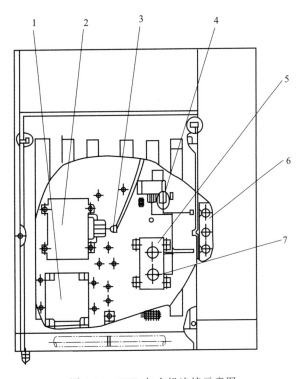

图 1-29　TCD 与主机连接示意图
1—FID 安装孔；2—热导检测器；3—导线部件（热导信号）；4—六通阀安装架；5—进样器加热体；
6—载气稳流阀输出接头；7—进样管

注意事项
无专业技术的人员不得装拆热导检测器，池体大量漏气，有可能发生爆炸事故。

② TCD 恒流源及面板设置　GC102AT 恒流源的面板安装在主机正面右侧气路部件的上方，其面板布置见图 1-30。恒流源主电路板安装在仪器左侧内部（见图 1-26），面板上的元器件通过专用导线与电路板相连接。

面板上各开关、旋钮和指示灯的功能如下：

[调零]——由"粗"调和"细"调两个旋钮组成。"粗"调旋钮的调节范围较大；"细"调旋钮调节范围较小。转动[调零]旋钮可以在一定范围内补偿 TCD 桥路的不平衡，使记录仪、数据处理机或色谱工作站上记录的色谱基线和谱图调至适当位置。

[恒流源开关]——该开关为按钮开关，当在微机温度控制器面板上选择了设置 TCD 工作电流后，按一下[恒流源开关]按钮，此时按钮左侧的指示灯发亮，表示 TCD 工作电流已通入 TCD 的四支铼钨丝上。按钮右侧有警告标志"TCD 载气未通前严禁按此开关"，提醒操作者在按下此开关前，一定要先确认仪器是否已经接通载气，并且池体两出口有气体排出。[恒流源开关]按钮一旦按下后将一直有效，即指示灯始终发亮，除非关闭主机

电源。但在每次重新打开主机电源开关后的初始状态下，[恒流源开关]处于关闭状态，指示灯为"暗"。

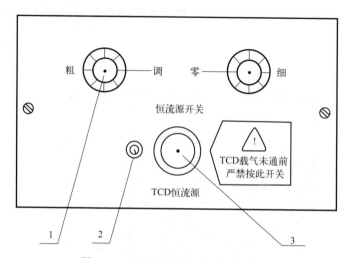

图 1-30　TCD 恒流源面板布置示意图
1—调零旋钮；2—恒流源开关指示灯；3—恒流源按钮开关

（6）记录仪表　用以记录检测器的色谱电信号。记录仪或色谱数据处理设备的连接与 GC102AT 相似，可参见图 1-25。

进度检查

一、填空题

1. GC102AF/AT 气相色谱仪由_____、_____、_____、_____、及_____等部分组成。

2. GC102AF 基型仪器中部是_____，右侧上部是_____，右侧中部是_____，右侧下部是_____及_____，柱箱上方左部是_____安装位置以及_____安装位置，柱箱上方右部是_____。

3. GC102AT 气相色谱仪的微机温度控制器可对_____、_____、_____，共三路被控区域进行宽温度范围、高精度的温度控制。

二、简答题

1. GC102AF/AT 气相色谱仪的工作原理是什么？
2. GC102AF/AT 气相色谱仪的主要特点有哪些？

编号 FJC-88-06

学习单元 1-6　气相色谱仪气路系统连接及检漏

职业领域：化工、石油、环保、医药、冶金、建材等。
工作范围：分析。
学习目标：能够掌握 GC102AF/AT 气相色谱仪气路系统连接及检漏。
所需仪器、药品和设备

序号	名称及说明	数量
1	GC102AF 气相色谱仪	1 台
2	GC102AT 气相色谱仪	1 台
3	H_2 高压气瓶	1 瓶
4	N_2 高压气瓶	1 瓶
5	O_2(空气)高压气瓶	1 瓶

气相色谱仪是化工分析常用的分析仪器，在使用前必须进行气路系统的连接和检漏操作。下面以 GC102AF 气相色谱仪和 GC102AT 气相色谱仪为例说明气相色谱仪气路系统的连接和检漏操作。

一、GC102AF 气相色谱仪气路系统的连接和检漏操作

1. 气源的准备和处理

（1）气源　GC102AF 的 FID 需用三种气，即载气（一般为氮气）、氢气和空气。氮气纯度不低于 99.99%，氢气纯度不低于 99.9%，空气中不应含有水、油及污染性气体。

（2）气源处理　三种气体进入仪器前必须先经过严格净化处理。仪器出厂时附有通用型净化器，如图 1-31 所示，净化器由净化管及开关阀组成，接在仪器与气源之间。净化管需加入经活化的"5A"分子筛及硅胶。若要输入气源到色谱仪，则将开关阀旋钮置于"开"位置。

2. 外气路的连接

（1）连接输气管到气路接头　GC102AF 气相色谱仪的气路输气管主要是 $\phi 3mm \times 0.5mm$ 聚乙烯管或 $\phi 2mm \times 0.5mm$ 不锈钢管。螺母为 $M8 \times 1$，$\phi 3.2mm$ 或 $M8 \times 1$，$\phi 2.1mm$。这两种导管与接头的连接示意图如图 1-32 所示。图 1-32 中 $\phi 3mm \times 0.5mm$ 聚乙烯管采用密封衬垫的目的是增强导管在密封点的强度，以保证气体通畅和密封性能。如采用 $\phi 2mm \times 0.5mm$（或 $\phi 3mm \times 0.5mm$）不锈钢连接管可不用 $\phi 2mm \times 0.5mm \times 20mm$ 的密封衬垫。密封环在使用中必须用 2 只，否则将不能保证密封性能。图 1-32 中密封环也可用 $\phi 5mm \times 1mm$ 聚四氟乙烯管切成长 5mm 的一段替代。密封的最大压力为 $0.5 \sim 0.8MPa$。检

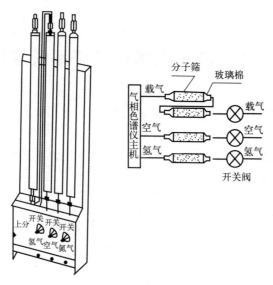

图 1-31 净化器

查气路接头是否漏气,不可用碱性较强的普通肥皂水,以免腐蚀零件,最好使用十二烷基硫酸钠的稀溶液作为试漏液。

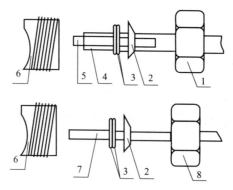

图 1-32 外气路接头连接示意图

1—螺母(M8×1,ϕ32mm);2—密封垫圈(磷铜);3—密封环2只;4—ϕ3mm×0.5mm聚乙烯管;5—密封衬垫(ϕ2mm×0.5mm×20mm不锈钢管);6—接头;7—ϕ2mm×0.5mm不锈钢管;8—螺母(M8×1,ϕ21mm)

(2)安装减压阀 载气、氢气和空气钢瓶的减压阀安装步骤如下:

① 将两只氧气减压阀和一只氢气减压阀的低压出口头分别拧下,接上减压阀接头(注意:氢气减压阀螺纹是反方向的),再旋上低压输出调节杆(不要旋紧)。

② 将减压阀装到钢瓶上(注意:氢气减压阀与钢瓶接口处应加装减压阀包装盒内所附的塑料圈)。旋紧螺母后,打开钢瓶高压阀,减压阀高压表应有指示;关闭高压阀后,压力不应下降,否则就有漏气处,须予以排除才能使用。

(3)连接外气路 将ϕ3×0.5聚乙烯管按需要的长度切成六段,再按上述①所述方法连入减压阀接头至净化器进口(开关阀上接头)之间,以及净化器出口(干燥筒上接头)至主机气路进口之间,即完成外气路的连接。图1-33为外气路连接指南。

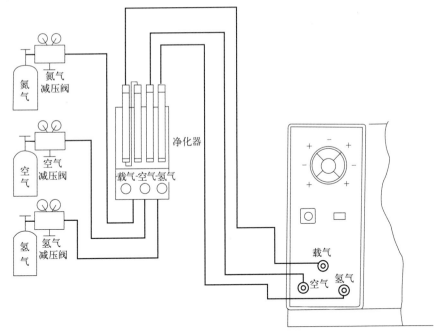

图 1-33 外气路连接示意图

3. 外气路检漏

外气路连接完成后,需进行检漏。检漏步骤如下所述:

① 将主机填充柱气路上的载气稳流阀、氢气和空气针形阀全部关闭(刻度指示约"1")。

② 开启钢瓶高压阀(开启钢瓶高压阀前低压调节杆一定要处于放松状态),缓慢旋动低压调节杆,直至低压表指示为 0.3MPa。

③ 关闭各钢瓶高压阀。

④ 此时减压阀上低压指示值不应下降,否则,外气路中存在漏气,须予以排除。

4. 安装填充柱

对于柱头进样,在进样口一端应留出足够的一段空柱(至少 50mm),以便进样时注射器针能全部插入汽化器。由于柱的刚性,ϕ5.7mm 填充玻璃柱必须同时在进样口和检测器进口两端安装,每端安装程序一样。当填充柱用于汽化进样时,在进样口一端无须留出一段空柱,但在填充柱的前端须加衬里(ϕ5mm×ϕ2mm 石英管)。

(1)安装 ϕ3mm 和 ϕ4mm 金属柱到填充柱进样口 用图 1-34 和表 1-3 所示内容作安装指南。

① 将螺母(示图序号6)、石墨密封垫圈(示图序号4)、填充柱过渡接头(示意序号1)依次装入填充柱。

② 使柱头伸出过渡接头 20~30mm(如图 1-34 所示),保持这个位置先用手拧紧螺母,然后用两个合适的扳手,一个夹在螺母上,另一个夹在过渡接头上,反向拧紧、密封。

③ 将螺母(M12×1,ϕ6.2mm)和石墨密封垫圈(ϕ6mm)依次装入过渡接头。

④ 将过渡接头连同柱头一起推入进样器出口接头内,尽可能深地将柱插入(注意:务

必要把汽化管的下端伸进柱头，见图 1-34）。

⑤ 保持这个位置，先用手将螺母（M12×1，ϕ6.2mm）与进样器出口接头旋紧，而后再用 M12 扳手拧紧及密封。

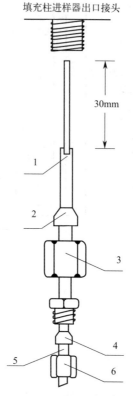

图 1-34　安装 ϕ3mm 和 ϕ4mm 金属柱到填充柱进样口图示

表 1-3　图 1-34 中各序号名称及规格

示图序号	名称	规格	
1	过渡接头	ϕ3mm（已装在仪器上）	ϕ4mm（附件 24#）
2	石墨密封垫圈	ϕ6mm（附件 10#）	ϕ6mm（附件 10#）
3	螺母	M12×1，ϕ6.2mm（附件 17#）	M12×1，ϕ6.2mm（附件 17#）
4	石墨密封垫圈	ϕ3mm（附件 11#）	ϕ4mm（附件 13#）
5	金属柱	ϕ3mm（外径）	ϕ4mm（外径）
6	螺母	M8×1，ϕ3.2mm（附件 20#）	M8×1，ϕ4.2mm（附件 21#）

（2）安装 ϕ5mm 和 ϕ6mm 金属柱及 ϕ5.7mm 玻璃柱到填充柱进样口　用图 1-35 和表 1-4 所示内容作安装指南。

① 将螺母（示图序号 3）和石墨密封垫圈（示图序号 2）依次直接装入填充柱（不用过渡接头）。

② 尽可能深地将柱插入进样器出口接头内（注意：务必要把汽化管的下端伸进柱头，以保证进样时针尖能顺利扎入柱内，见图 1-35）。

③ 保持这个位置，先用手将螺母与进样器出口接头旋紧，然后，再用 M12 扳手拧紧及密封。

注意事项

安装玻璃时,螺母拧得过紧可能使柱破碎。

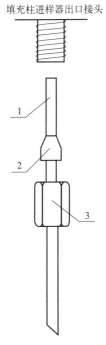

图 1-35　安装 φ5mm 和 φ6mm 金属柱及 φ5.7mm 玻璃柱到填充柱进样口图示

表 1-4　图 1-35 中各序号名称及规格

示图序号	名称	规格		
1	填充柱	φ5mm 金属柱	φ6mm 金属柱	φ5.7mm 玻璃柱
2	石墨密封垫圈	φ5mm	φ6mm	φ6mm
3	螺母	M12×1,φ5.2mm	M12×1,φ6.2mm	M12×1,φ6.2mm

（3）安装 φ3mm 和 φ4mm 金属柱到汽化进样器　与柱头进样系统有所不同的是,当填充器用于汽化进样时,必须在进样器内装入一个石英衬里,并配有独特的连接头。用图 1-36 和表 1-5 所示内容作安装指南。

① 将石英衬里放入接头（示图序号1）。

② 把石墨垫圈（示图序号4）套入石英衬里。

③ 尽可能深地将石英衬里推入进样器出口端（注意:务必要把汽化管的下端伸进石英衬里）。

④ 保持这个位置,先用手将接头与进样器出口端旋紧,然后,再用扳手拧紧、密封（当心拧得过紧可能使石英衬里破碎）。

⑤ 将螺母（示图序号2）和石墨垫圈（示图序号3）,依次套入填充柱的柱头。

⑥ 将柱头推入接头内,保持这个位置,先用手将螺母与接头旋紧,然后,再用扳手拧紧及密封。

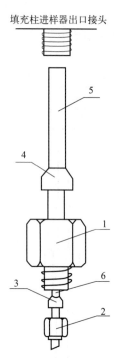

图 1-36 安装 φ3mm 和 φ4mm 金属柱到气化进样器图示

表 1-5 图 1-36 中各序号名称及规格

示图序号	名称	φ3mm 层析柱(外径)		φ4mm 层析柱(外径)	
		规格	附件序号	规格	附件序号
1	接头	φ3.2mm	25	φ4.2mm	24
2	螺母	φ3.2mm	20	φ4.2mm	21
3	石墨垫圈	φ3mm	11	φ4mm	13
4	石墨垫圈	φ5mm	12	φ5mm	12
5	衬里	φ5mm×φ2mm 石英管	7	φ5mm×φ2mm 石英管	7
6	金属填充柱	φ3mm		φ4mm	

（4）安装 φ3mm 和 φ4mm 金属柱到 FID 用图 1-37 和表 1-3 所示内容作安装指南。

① 将螺母（示图序号 6）、石墨密封垫圈（示图序号 4）、填充柱过渡接头（示图序号 1）依次装入填充柱另一端（此端柱头内装满填充物）。

② 使柱头伸出过渡接头 1～2mm（如图 1-37 所示），保持这个位置先用手拧紧螺母，然后用两个合适的扳手，一个夹在螺母上，另一个夹在过渡接头上，反向拧紧及密封。

③ 将螺母（M12×1，φ6.2mm）和 φ6mm 石墨密封垫圈依次装入过渡接头。

④ 把过渡接头连同柱头一起推入 FID 进口，触到根部。

⑤ 保持这个位置，先用手将螺母（M12×1，φ6.2mm）与 FID 进口拧紧，然后，再用 M12 扳手拧紧及密封。

（5）安装 φ5mm 和 φ6mm 金属柱及 φ5.7mm 玻璃柱到 FID 用图 1-38 和表 1-4 所示内容作安装指南。

① 将螺母（示图序号 3）和石墨密封垫圈（示图序号 2）直接依次装入填充柱的另一端（不用过渡接头）。

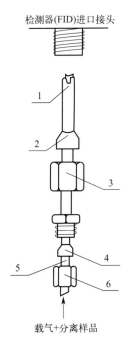

图 1-37　安装 φ3mm 和 φ4mm 金属柱到 FID 图示

② 把柱头推入 FID 进口，触到根部。

③ 保持这个位置，先用手将螺母（M12×1，φ6.2mm）与 FID 进口接头旋紧，然后，再用 M12 扳手拧紧及密封。

> **注意事项**
> 柱安装结束后，应使所有接头及螺母分别处于室温和柱箱、进样器、检测器运行温度下进行检漏。必要时，用扳手再旋紧，以防漏气。

5. 载气气路的检漏

用垫有橡胶垫圈的螺母堵住气体出口端，打开仪器上的气路控制阀门，开启钢瓶气源，调节减压阀至输出表压为 0.196～0.294MPa，然后移去气源，将气体入口处卡死，观察 1h 内压力表指针是否下降。如压力表指针不下降或表压降低值小于 0.0049MPa，则证明系统密封性良好，符合要求；如压力表降得太多，说明色谱仪本身有漏气点，应用十二烷基硫酸钠的稀溶液逐点检查整个连接管道的所有接头处，仔细查找并排除。

二、GC102AT 气相色谱仪气路系统的连接和检漏操作

1. 气源的准备和处理

（1）气源　GC102AT 的 TCD 仅需用一种气体作为载气（一般常用气体有氢气和氮气），纯度不低于 99.99%。

（2）气源处理　载气进入仪器前必须先经过严格净化处理。仪器出厂时附有通用型净化器，如图 1-39 所示，净化管内加入经活化处理的"5A"分子筛及硅胶，接在仪器与气源之间。若气源离仪器较远，最好在气源与净化管之间加接一只开关阀（尽量靠近仪器），当仪

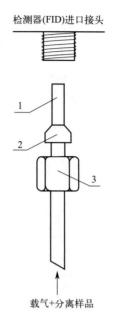

图 1-38　安装 ϕ5mm 和 ϕ6mm 金属柱及 ϕ5.7mm 玻璃柱到 FID 图示

器不工作时，可及时关闭载气和更换净化剂，以减少气体的泄漏量。

为了消除载气中的微量氧对分析结果的影响，可选购色谱专用"脱氧管"作为消除微量氧的有效工具，可将其接在净化管和仪器之间。

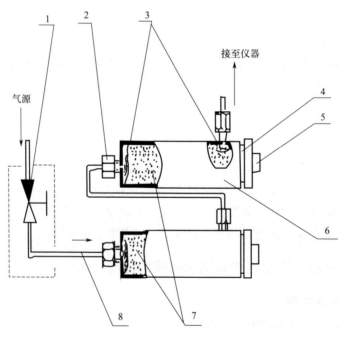

图 1-39　TCD 净化器

1—开关阀（另选购）；2—密封螺母（附件 16#、9#、8#）；3—过滤层（棉花）；
4—密封环；5—净化管盖；6—净化管；7—净化剂；8—ϕ3mm 导管

2. 外气路的连接

(1) 连接输气管到气路接头　与 GC102AF 气相色谱仪一样，连接示意图如图 1-32 所示。

(2) 安装减压阀　与 GC102AF 气相色谱仪一样。

(3) 连接外气路　将 φ3mm×0.5mm 聚乙烯管按需要的长度切取两段，再按 GC102AF 所述连接导管的方法，在减压阀输出专用接头至净化管进口之间，以及净化器出口（干燥筒上接头）至主机载气输入接头之间，连接上气路导管，即完成外气路的连接。如图 1-40 所示。

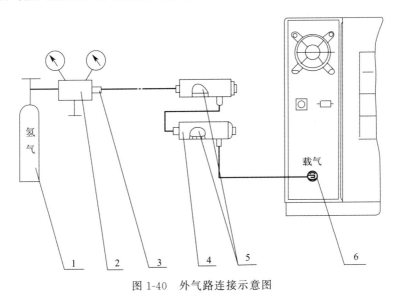

图 1-40　外气路连接示意图

1—高压气瓶（H_2）；2—减压阀；3—专用接头（附件 22#）；4—净化器；5—净化剂；6—载气输入接头

3. 外气路检漏

与 GC102AF 的操作步骤一样，但要注意以下两点：

① 若用氮气作为载气，须选一只氧气减压阀，装接在氮气钢瓶上，氢气减压阀不能用于氮气钢瓶。

② 气体钢瓶最好远离仪器，放在室外；通向仪器的导管建议采用不锈钢管或紫铜管，以确保安全。

4. 安装填充柱

方法同 GC102AF 气相色谱仪。

5. 载气气路的检漏

方法同 GC102AF 气相色谱仪。

进度检查

进行 GC102AF 气相色谱仪和 GC102AT 气相色谱仪的气路系统的连接和检漏操作练习，由教师检查操作是否正确。

学习单元 1-7 气相色谱仪载气流速的测定和校正

编号 FJC-88-07

职业领域：化工、石油、环保、医药、冶金、建材等。
工作范围：分析。
学习目标：能够掌握 GC102AT/AF 气相色谱仪载气流速的测定和校正方法。
所需仪器、药品和设备

序号	名称及说明	数量
1	GC102AF 气相色谱仪	1台
2	GC102AT 气相色谱仪	1台
3	H_2 高压气瓶	2瓶
4	N_2 高压气瓶	1瓶
5	O_2（空气）高压气瓶	1瓶

气相色谱法要求载气流速保持最好的稳定度，当流速范围在 30～100mL/min 时，其波动应小于 1%。通常使用减压阀、稳压阀、针形阀等来控制载气流速的稳定。

一、流速测量装置

载气流速是气相色谱分析的一个重要操作条件。常用的流速测量装置有转子流量计、稳流阀、皂膜流量计和压力表等。

（1）转子流量计　转子流量计是气相色谱分析中最常用的流速测量装置，是由一个内径上口大、下口小的锥形管和一个能在管内自由旋转的转子组成，其结构如图 1-41 所示。当气体通过转子流量计时，转子便上浮转动，转子与管内壁间的环形孔隙就增大，转子一直上浮到环形孔隙所造成的转子顶部和底部间的压力差与转子的重力平衡为止。根据转子的位置就可确定气体的流速。

（2）稳流阀　稳流阀为机械刻度式，由上游各自的稳压阀提供稳定的输入气压，而稳流阀输出流量可以从相应刻度流量表上查得，即稳流阀旋钮上的每一刻度与所代表的流量呈标非线性关系。

（3）皂膜流量计　皂膜流量计由一根带有气体入口量气管和橡皮滴头组成，如图 1-42 所示。使用时先向滴头中注入肥皂水，挤动滴头使皂膜进入量气管，当气体从底部进入流量计时，就顶着皂膜沿管壁向上移动，用秒表测量皂膜移动一定体积所需的时间，就可计算出气体的流速。测量转子流量计或稳流阀上不同刻度时的实际气体流量，即可绘制出转子流量计或稳流阀刻度表示的校正曲线。

（4）压力表　气相色谱仪在转子流量计之后汽化器之前装有压力为 0～0.589MPa 的弹簧压力表，用来指示色谱柱前的载气压力。

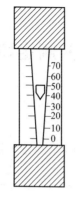

图 1-41 转子流量计

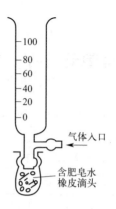

图 1-42 皂膜流量计

二、载气流速的测量

① 在皂膜流量计内装入适量皂液,使液面恰好处于支管口的中线处;

② 用胶管将其与载气出口相连;

③ 开启载气,调节载气压力至 0.294MPa,调节转子高度,等待 0.5～1min,轻轻捏一下胶头,使皂液上升封住支管,就会产生一个皂膜;

④ 用秒表记下皂膜移动一定体积所需的时间,换算成以 mL/min 为单位的载气体积流速。用上述方法分别测量转子高度(或稳流阀刻度-流量点上)为 0 格、5 格、10 格、15 格、20 格、25 格、30 格时的体积流速 F_0,同时记录载气种类、色谱柱温、室温、大气压力等参数,计算出相应的校正体积流速 F_C,绘制标准曲线。

热导检测器载气流速一般是 30～150mL/min;氢焰检测器 H_2 流速为 30～50mL/min,$N_2 : H_2 = 1～2$,$N_2 : 空气 = (1:5)～(1:10)$。

三、载气流速的校正

1. 对饱和水蒸气压的校正

F'_{CO} 是在柱子出口处在当时的室温和大气压力下测得的体积流速,而干燥的载气通过皂液时就被水蒸气饱和,所以,必须扣除饱和水蒸气压的影响,才能得到实际体积流速,以 F_{CO} 表示:

$$F_{CO} = F'_{CO} \cdot \frac{p_o - p_w}{p_o} \tag{1-12}$$

式中 p_o——色谱柱出口压力,即当时的大气压;

p_w——测量时室温下的饱和水蒸气压。

2. 温度的校正

实际体积流速 F_{CO} 是在室温下测得的,而柱温往往又高于室温,因此要作温度校正。

$$F_C = F_{CO} \frac{T_C}{T_0} \tag{1-13}$$

式中 F_C——已校正到柱温时的载气体积流速;

T_C——柱温,K;
T_0——室温,K。

3. 柱内压力的校正

载气通过色谱柱会产生压力降,即柱子内不同位置的压力是不同的,故载气的流速也不相同,一般只能用载气在柱内的平均流速作为计算的依据。

$$\bar{F}_C = \frac{3}{2}\left[\frac{(p_i/p_o)^2-1}{(p_i/p_o)^3-1}\right]F_C \tag{1-14}$$

式中　$\bar{F}_C$——柱内载气的平均体积流速;

　　　F_C——校正到柱温时的载气体积流速;

　　　p_i,p_o——分别为柱前压及柱后压。

由式(1-12)、式(1-13)及式(1-14)得

$$\bar{F}_C = \frac{3}{2} \times \frac{p_o-p_w}{p_o} \times \frac{T_C}{T_0} \times \frac{(p_i/p_o)^2-1}{(p_i/p_o)^3-1} \tag{1-15}$$

在一般色谱分析工作中,直接用皂膜流量计测出视体积流速 F'_{CO} 值,只有必要时才进行上述一系列校正。

进度检查

一、填空题

1. 常用的流速测量装置有＿＿＿＿＿、＿＿＿＿＿和＿＿＿＿＿等。
2. 通常使用＿＿＿＿＿、＿＿＿＿＿、＿＿＿＿＿等来控制载气流速的稳定。

二、简答题

1. GC102AF 气相色谱仪的载气流速的测量与校正操作步骤是怎样的?
2. GC102AT 气相色谱仪的载气流速的测量与校正操作步骤是怎样的?

三、操作题

实际进行 GC102AF 气相色谱仪和 GC102AT 气相色谱仪载气流速的测量与校正操作练习,由教师检查操作是否正确。

评分标准

气相色谱仪载气流速的测量与校正技能考试内容及评分标准

一、考试内容

1. GC102AT 气相色谱仪载气流速的测量与校正。
2. GC102AF 气相色谱仪载气流速的测量与校正。

二、评分标准

1. GC102AT 气相色谱仪载气流速的测量与校正(50分)

(1)载气流速的测量。(25分)

每错一处扣 5 分。

（2）载气流速的校正。（25 分）

每错一处扣 5 分。

2. GC102AF 气相色谱仪载气流速的测量与校正（50 分）

（1）载气流速的测量。（25 分）

每错一处扣 5 分。

（2）载气流速的校正。（25 分）

每错一处扣 5 分。

模块 2　气相色谱仪的操作

编号 FJC-89-01

学习单元 2-1　气相色谱控温单元的启动与调试操作

职业领域： 化工、石油、环保、医药、冶金、建材、轻工。
工作范围： 分析。
学习目标： 掌握 GC102AF/AT 气相色谱仪控温单元的启动与调试操作。
所需仪器、药品和设备

序号	名称及说明	数量
1	GC102AF 气相色谱仪	1 台
2	GC102AT 气相色谱仪	1 台
3	装高纯 H_2、N_2、O_2 高压钢瓶	各 1 瓶
4	3m×3mm 色谱柱	1 根

一、GC102AF 微机温度控制器

GC102AF 气相色谱仪的微机温度控制器可对色谱柱箱、进样器、检测器，共三路被控区域进行宽温度范围、高精度的温度控制。该控制系统采用了先进的软、硬件技术和结构，大屏幕汉字液晶显示信息量大，且直观易懂，可准确显示各路温控设定值和实际值、FID 放大器灵敏度及气路控制阀门的流量记事栏。控制系统通过键盘设定各种控制和使用参数（包括检测器操作参数），机内具有自诊断、断电保护、文件存储及调用、FID 自动点火等功能。

1. 面板与键盘

GC102AF 气相色谱仪的微机温度控制器面板示意图见图 2-1。

2. 微机温度控制器键盘的功能

GC102AF 的微机温度控制器总共有 7 个专用键，其功能如下：

[起始/停止]——当参数全部设置完成后，使仪器温度处于工作或停止状态。

[参数设定]——需设置或改变已设置参数的数值时，按动此键。

[↑][↓]——上升、下降键，设置对象增加、减小参数值时分别按动此二键。

[选项]——选择参数设置对象。

[文件]——选择仪器不同的操作条件，共有 0～9 十组文件可选择或存储。

[点火]——当仪器已按各操作参数运行稳定后，开启氢气和空气即可进行点火，按下该键，离子室点火圈便自动点燃约 5～10s。

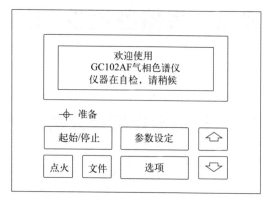

图 2-1　GC102AF 气相色谱仪的微机温度控制器面板示意图

3. 微机温度控制器的操作

将主机电源线（附件）一端插在 GC102AF 背面的插座上，另一端插在电功率不小于 2000W 的 220V 电源插座上，打开主机电源开关，此时面板显示器即显示以下内容：

①

```
欢迎使用
GC102AF 气相色谱仪
仪器在自检，请稍候
```

若仪器本身存在故障，系统会自动显示其故障的内容；若仪器一切正常，等候 2～3min，仪器自检正常，屏幕即转换成以下内容：

②

```
欢迎使用
GC102AF 气相色谱仪
自检合格请确认控温参数
```

上述显示 2～3s 后，屏幕自动转换成以下内容：

③

```
文件 X 请按设定键设置参数
柱箱      设定值   50℃
进样器             50℃
氢火焰    正 10ˣΩ  50℃
```

其中，"文件 X"表示文件第 0～9，十个文件中的一个文件号，或是上次关机时设定的文件号；"设定值"在初态时显示 50℃，或显示上次关机时设定的温度值。此时按下［参数设定］键，屏幕显示：

④

```
文件 X 请设定控温参数
柱箱      设定值   50℃
进样器             50℃
氢火焰             50℃
```

看到显示上述内容时,随即按 [↑] 或 [↓] 键,即可改变柱箱的控温设定值。例设置 100℃,按 [↑] 键,当按键时间小于 3s 时,以 1℃/次的速率上升;当按键时间大于 3s 后再放松,则设定值以连续的 1℃/步速率自动上升;再按一下 [↑] 时,便停止在当时数值上。

若要改变"文件"号,可按 [文件] 键一次,这时屏幕中"文件 X 号"增加 1(例原文件 2 号,现为"文件 3 号"),再按一次 [文件] 键,再增加 1,依次从 0~9 重复出现,由此可设置不同的工作方式。

柱箱设置完成后,按 [选项] 键一次,下移至"进样器"位置:

⑤

```
文件 X 请设定控温参数
柱箱    设定值    100℃
进样器            50℃
氢火焰            50℃
```

此时按上述方法按动 [↑] 或 [↓] 键,便可设置进样器温度(例 120℃)。"进样器"设置完成后,按 [选项] 键一次,下移至"氢火焰"位置:

⑥

```
文件 X 请设定控温参数
柱箱    设定值    100℃
进样器            120℃
氢火焰            50℃
```

此时可按动 [↑] 或 [↓] 键,设置氢火焰离子室的温度(例 130℃)。设置完成后,按 [选项] 键一次,便下移至氢火焰设置参数的页面上:

⑦

```
文件 X 请设定控温参数
极性      正
灵敏度    X
```

用与设置温度同样的方法,选择设置氢火焰离子室信号输出的正、负极性和放大器的灵敏度。当选择放大器灵敏度档时($10^7 \sim 10^{10}$),放大器面板上相应的灵敏度指示灯会同步亮起来。

设置完"灵敏度"后,再按一次 [选项] 键,便下移至气体流量参数的页面上:

⑧

```
请设置载气流量
氮气 X.XX 圈
氢气 X.XX 圈
空气 X.XX 圈
```

用与设置温度同样的方法,分别设置氮气(载气)、氢气、空气三阀门的圈数,对应的流量关系参见附录 2 "GC102AF 气体流量表"。每按一次(<3s)[↑] 或 [↓] 键,阀门圈数增加或减少 0.01 圈;按下时间保持 3s 以上,将以 0.01 圈/步的速率上升或下降,直至

模块 2 气相色谱仪的操作

再按一下［↑］或［↓］键方停止。

注意：该页内容设置，仅是记录气体流量的数值作为备忘录，仪器控制系统并不能自动调节流量值，若需改变流量值，还得手动调节气路面板上的阀门旋钮。

设置完成后，连续按［选项］键，可重复上述④～⑧的画面，检查各参数设置是否正常。此时按［参数设定］键，或不按键3～5s，屏幕显示：

⑨

```
文件 X 请按（起始）键开始升温
柱箱      设定值    100℃
进样器              120℃
氢火焰  正 10^x Ω   130℃
```

若按［选项］键，屏幕转换成：

⑩

```
载气流量
氮气 X.XX 圈
氢气 X.XX 圈
空气 X.XX 圈
```

再按［选项］键，又恢复成⑨的画面，此时若按［起始/停止］键，仪器便按设置的温度参数开始升温，屏幕显示：

⑪

```
文件 X    设定值    实际值
柱箱      100℃     XX℃
进样器    120℃     XX℃
氢火焰    130℃     XX℃
```

随着温度的升高，实际值逐渐与设定值接近，当进样器或氢火焰检测器的实际温度值达到设定温度值的90%时，柱箱才开始升温。数十分钟后，实际温度与设定值一致，面板上的"准备"灯亮起，即表明温度已趋向稳定，仪器可开始工作。

在此时亦可按［参数设定］键，改变各区域的温度控制值或放大器参数。但当由于不正确设置，柱箱实际温度高于设定温度10℃时，显示屏上"文件 X"位置会出现"开门降温"的警告语，并报警、等待；当柱箱门打开，柱箱温度值低于设定值后，显示"关门起始"字句，此时需按［起始/停止］键，使温控再进入控温状态。

如果不需要升温，可按住［起始/停止］键3～5s，屏幕即转换成⑨的画面，柱箱及其他加热区域便停止工作。

注意：在设置控温区域温度时，应先通入载气，以保护分离柱，且柱箱温度的设定值不应高于分离柱的最高使用温度。

4. 文件存储及调用

可以有10个文件（文件名：0～9）用来存储不同的面板设定值，需要时仅需调用相应的文件名就可完成仪器工作参数的设定。这10个文件名及各自相应的操作参数可永久保存，不受关机或断电的影响。

仪器在刚开机时，可按前述方法改变文件号调用所需的文件；当控温系统启动工作后，则无法调用其他编号的文件（［文件］键暂时失效），若此时仪器需调用新文件，必须使控温系统停止工作。可按住［起始/停止］键 3～5s，停止柱箱和其他加热区域的工作，屏幕转换成⑨的画面；然后按［参数设定］键，屏幕转换成④画面；再按［文件］键，调用所需的新文件。

二、GC102AT 微机温度控制器

GC102AT 气相色谱仪的微机温度控制器可对色谱柱箱、进样器、检测器，共三路被控区域进行宽温度范围、高精度的温度控制。该控制系统采用了先进的软、硬件技术和结构，大屏幕汉字液晶显示信息量大，且直观易懂，可准确显示各路温控设定值和实际值、TCD 桥路电流及 A、B 载气流路气路的流量记事栏。控制系统通过键盘设定各种控制和使用参数（包括 TCD 操作参数），机内具有自诊断、断电保护、文件存储及调用等功能。

1. 面板与键盘

GC102AT 的微机温度控制器面板与 GC102AF 相似，示意图参见图 2-1，比 GC102AF 少一个［点火］键。

2. 微机温度控制器键盘的功能

GC102AT 的微机温度控制器总共有 6 个专用键，其功能如下：

［起始/停止］——当参数全部设置完成后，使仪器温度处于工作或停止状态。

［参数设定］——需设置或改变已设置参数的数值时，按动此键。

［↑］［↓］——上升、下降键，设置对象增加、减小参数值时分别按动此二键。

［选项］——选择参数设置对象。

［文件］——选择仪器不同的操作条件，共有 0～9 十组文件可选择或存储。

3. 微机温度控制器的操作

将主机电源线一端插在 GC102AT 背面的插座上，另一端插在电功率不小于 2000W 的 220V 电源插座上，打开主机电源开关，此时面板显示器即显示以下内容：

①

```
欢迎使用
GC102AT 气相色谱仪
仪器在自检，请稍候
```

若仪器本身存在故障，系统会自动显示其故障的内容；若仪器一切正常，等候 2～3min，仪器自检正常，屏幕即转换成以下内容：

②

```
欢迎使用
GC102AT 气相色谱仪
自检合格请确认控温参数
```

上述显示 2～3s 后，屏幕自动转换成以下内容：

③

```
文件 X 请按设定键设置参数
柱箱      设定值    50℃
进样器             50℃
热导池             50℃
```

其中,"文件 X"表示文件第 0～9,十个文件中的一个文件号,或是上次关机时设定的文件号;"设定值"在初态时显示 50℃,或显示上次关机时设定的温度值。此时按下[参数设定]键,屏幕显示:

④

```
文件 X 请设定控温参数
柱箱             50℃
进样器            50℃
热导池            50℃
```

看到显示上述内容时,随即按[↑]或[↓]键,即可改变柱箱的控温设定值。例设置 100℃,按[↑]键,当按键时间小于 3s 时,以 1℃/次的速率上升;当按键时间大于 3s 后再放松,则设定值以连续的 1℃/步速率自动上升;再按一下[↑]时,便停止在当时数值上。

若要改变"文件"号,可按[文件]键一次,这时屏幕中"文件 X 号"增加 1(例原文件 2 号,现为"文件 3 号"),再按一次[文件]键,再增加 1,依次从 0～9 重复出现,由此可设置不同的工作方式。

柱箱设置完成后,按[选项]键一次,便下移至"进样器"位置:

⑤

```
文件 X 请设定控温参数
柱箱            100℃
进样器            50℃
热导池            50℃
```

此时按上述方法按动[↑]或[↓]键,便可设置进样器温度(例 120℃)。"进样器"设置完成后,按[选项]键一次,下移至"热导池"位置:

⑥

```
文件 X 请设定控温参数
柱箱            100℃
进样器           120℃
热导池            50℃
```

此时可按动[↑]或[↓]键,设置热导池的温度(例 130℃)。设置完成后,按[选项]键一次,便下移至热导池设置参数的页面上:

⑦

```
文件 X 请开通载气设置电流
极性       正
电流       XXXmA
```

此页面提醒必须开通载气后，方能设置热导池电流（柱后载气必须流经热导池腔体）。

用与设置温度同样的方法，选择设置热导检测器信号输出的正、负极性和热导电流（mA）。若已开通载气，即可按动 TCD 面板上的开关按钮，接通恒流源。

设置完"电流"后，再按一次［选项］键，便下移至气体流量参数的页面上：

⑧

```
请设置载气流量
氢气 X.XX 圈
```

用与设置温度同样的方法，分别键入载气（氢气）稳流阀的圈数，对应的流量关系参见附录 1 "GC102AT 气体流量表"。每按一次（＜3s）［↑］或［↓］键，增加或减少 0.01 圈；按下时间保持 3s 以上，将以 0.01 圈/步的速率上升或下降，直至再按一下［↑］或［↓］键方停止。

注意：该页内容设置，仅是记录气体流量的数值作为备忘录，仪器控制系统并不能自动调节流量值，若需改变流量值，还得手动调节气路面板上的阀门旋钮。

设置完成后，连续按［选项］键，可重复上述④～⑧的画面，检查各参数设置是否正常。此时按［参数设定］键，或不按键 3～5s，屏幕显示：

⑨

```
文件 X 请按（起始）键开始升温
柱箱      设定值    100℃
进样器              120℃
热导池              130℃
```

若按［选项］键，屏幕转换成：

⑩

```
载气流量
氢气 X.XX 圈
```

再按［选项］键，又恢复成⑨的画面，此时若按［起始/停止］键，仪器便按设置的温度参数开始升温，屏幕显示：

⑪

```
文件 X    设定值    实际值
柱箱      100℃      XX℃
进样器    120℃      XX℃
氢火焰    130℃      XX℃
```

随着温度的升高，实际值逐渐与设定值接近，当进样器或热导池的实际温度值达到设定温度值的 90% 时，柱箱才开始升温。数十分钟后，各控温区域实际温度与设定值一致，面板上的"准备"灯亮起，即表明温度已趋向稳定，仪器可开始工作。

在此时亦可按［参数设定］键，改变各区域的温度控制值或放大器参数。但当由于不正确设置，柱箱实际温度高于设定温度 5℃ 时，显示屏上"文件 X"位置会出现"开门降温"的警告语，并报警、等待；当柱箱门打开，柱箱温度值低于设定值后，显示"关门起始"字句，此时需按［起始/停止］键，使温控再进入控温状态。

如果不需要升温，可按住［起始/停止］键3～5s，屏幕即转换成⑨的画面，柱箱及其他加热区域便停止工作。

注意：在开机设置温度和热导池电流前，必须将柱后导管接至热导池检测器的输入接头，同时进行检漏，防止系统的氢气泄漏，造成柱箱爆炸事故。设置控温区域温度和电流时，应先通入载气，以保护分离柱和热导池钨丝，且柱箱温度的设定值不应高于分离柱的最高使用温度。

4. 文件存储及调用

可以有10个文件（文件名：0～9）用来存储不同的面板设定值，需要时仅需调用相应的文件名就可完成仪器工作参数的设定。这10个文件名及各自相应的操作参数可永久保存，不受关机或断电的影响。

仪器在刚开机时，可按前述方法改变文件号调用所需的文件；当控温系统启动工作后，则无法调用其他编号的文件（［文件］键暂时失效），若此时仪器需调用新文件，必须使控温系统停止工作。可按住［起始/停止］键3s～5s，停止柱箱和其他加热区域的工作，屏幕转换成⑨的画面；然后按［参数设定］键，屏幕转换成④画面；再按［文件］键，调用所需的新文件。

进度检查

一、判断题（正确的在括号内画"√"，错误的画"×"）

1. GC102AT的微机温度控制器面板与GC102AF的微机温度控制器面板一样。（　）
2. 柱箱温度的设定值不应高于分离柱的最高使用温度。（　）
3. 必须开通载气后，方能设置热导池电流（柱后载气必须流经热导池腔体）。（　）

二、操作题

练习气相色谱仪控温单元的启动与调试操作。

编号 FJC-89-02

学习单元 2-2　热导检测器和氢火焰离子化检测器的结构及工作原理

职业领域： 化工、石油、环保、医药、冶金、建材等。
工作范围： 分析。
学习目标： 掌握 GC102AT/AF 气相色谱仪的热导检测器和氢火焰离子化检测器的结构。
所需仪器、药品和设备

序号	名称及说明	数量
1	GC102AF 气相色谱仪	1台
2	GC102AT 气相色谱仪	1台
3	热导检测器	1个
4	氢火焰离子化检测器	1个

一、热导检测器（TCD)的结构及工作原理

1. 工作原理

热导检测器由热导池体和热敏元件组成。热敏元件是由电阻值完全相同的金属丝如铜、铂、钨或镍等制成，目前普遍采用铼钨丝。热导池体一般由不锈钢或铜块制成。

GC102AT 热导检测器系四臂双流路铼钨丝热导池，它在一个不锈钢体内加工成对称的四个腔室，各装一支热敏元件（含 3% 铼的高强度钨丝，常温电阻值为 70~80Ω），其中外两个腔室相通（参比池），另外两个腔室亦相通（测量池）。热导钨丝及热导池体见图 2-2。

四个腔室内的热敏元件（钨丝）均由相同材料（同批号生产的铼钨丝）制成，在常温下的电阻值误差不大于 0.2%。四支热敏元件组成一个惠斯登电桥的四臂，相通两池室内的热敏元件分别接在电桥的对角臂上，电桥由可调节直流恒流电源供电（TCD 恒流源）。

该检测器为双载气流路，一般选用氢气或氮气作为载气。载气通过进样器 A 和柱 A，流经检测器的两个腔室；载气 B 通过进样器 B 和柱 B，流经检测器的另外两个腔室。当有一路载气的进样器进入样品后，从相应的分离柱流出的组分气随载气到达检测器相通的两腔室。由于组分气的热导系数与载气的热导系数不同，其中的热敏元件（钨丝）的电阻值随之发生变化，故此时电桥失去平衡，电桥的不平衡电压信号输出至二次仪表（记录仪或色谱工作站）用于信号记录及计算，从而达到测量样品组分含量的目的。为此常选择与欲分析组分热导系数差异大的气体作为载气，以达到最大的信号输出。与分析中常见样品组分热导系数差异大的气体有氢气、氦气等。GC102AT 热导检测器的工作原理见图 2-3。

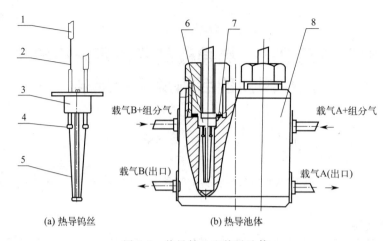

(a) 热导钨丝　　　　(b) 热导池体

图 2-2　热导钨丝和热导池体

1—绝缘套管；2—多股金属线；3—热导池弓架；4—点焊处；5—铼钨丝（$\phi 0.29$mm）；
6—热导钨丝；7—密封垫圈（附件 14#）；8—不锈钢池体

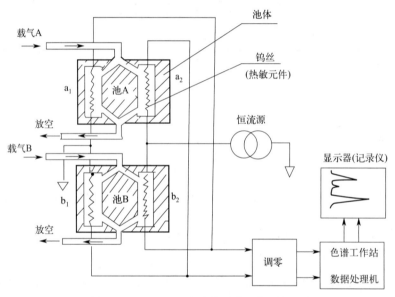

图 2-3　GC102AT 热导检测器工作原理图

2. 热导检测器的安装

GC102AT 热导池体安装在一个厚壁铝合金盒内，为了减小池体受外界温度变化的影响，池体被腾空吊在盒中间，四周填充热惰性较大的玻璃小球，以增加池体的热惰性，从而达到提高检测器热稳定性的目的。整个铝合金盒固定在一个导热体上，该导热体中装有电热元件（加热芯，150W）和陶瓷铂电阻（$100\Omega/0℃$），其引线与微机温度控制器内的总电路板相接。装有池体的导热体安装在一个金属外壳中，其间充填玻璃棉用于隔热。检测器结构示意见图 1-28，热导检测器在 GC102AT 主机上的安装位置见图 1-29。

3. TCD 恒流源及面板设置

GC102AT 恒流源的面板安装在主机正面右侧气路部件的上方，其面板布置见图 1-30。

恒流源主电路板安装在仪器左侧内部，面板上的元器件通过专用导线与电路板相连接。

面板上各开关、旋钮和指示灯的功能详见学习单元 1-5 "二、GC102AT 气相色谱仪的结构"部分。

4. 使用注意事项

① GC102AT 恒流源不设"衰减开关"，输出信号衰减功能由数据处理机或色谱工作站上衰减（ATT）设置来实现。

② GC102AT 恒流源面板安装在仪器右面的气路部件上方。

③ 未开启载气就接通恒流源开关，将烧毁热导钨丝的平衡性能。

二、氢火焰离子化检测器（FID)的结构及工作原理

1. 工作原理

GC102AF 气相色谱仪的检测器是氢火焰离子化检测器（FID），其结构为圆筒状，示意图见图 2-4。

筒状检测器基座在结构上保证了柱后与喷口间有极小的柱后死体积。氢焰喷口对地绝缘良好，且不易烧裂，其结构见图 2-5。由铂丝烧制而成的发射极兼作点火之用，且此发射极不应与喷口接触。不锈钢圆筒状收集极对地绝缘性好，且具有较高的收集效率。为防止大流量空气引入而影响火焰稳定性，在空气出口与喷口间装一挡风圈。

GC102AF 气相色谱仪的备件及附件中提供 1 个喷口和 5 个喷口密封垫圈。在仪器使用中，若发现喷口堵塞和污染现象，可及时更换喷口，同时须换上新的喷口密封垫圈，用扳手将喷口旋紧，使喷口与基座间严格密封。

2. FID 检测器与主机的连接

GC102AF 的 FID 置于主机的顶部前端，其基座安装在一个铝质导热体内。该导热体同时还装有电热元件（150W）和陶瓷铂电阻，与微机温度控制器内的总电路板相接，其信号引出线通过高频电缆线与 FID 微电流放大器内屏蔽盒上的信号入口相连。发射极-点火极（共用一个铂金丝线圈）的引出线通过导线与总电路板上专用插座连接。色谱柱出口端装入柱箱顶部的 FID 入口端，用螺母及石墨垫圈连接、密封。氢气及空气由不锈钢管从主机上方的气路控制系统的接头处引入。FID 与主机连接示意见图 1-22。

3. FID 微电流放大器及面板设置

GC102AF 气相色谱仪的 FID 微电流放大器采用电流/电压变换式工作原理，将 FID 收集极所获得的离子流（经高频电缆线传输）进行转换和放大，然后送至记录仪或数据处理装置。

GC102AF FID 放大器的量程、极性设定、点火均由微机系统来实现，但调零（粗调、细调）功能由 FID 放大器面板上两个旋钮来完成。调整粗、细调，即基始电流补偿旋钮，可使记录仪和数据处理机或色谱工作站的记录笔（光标）调至适当位置。FID 微电流放大器面板布置见图 1-23。

4. 使用说明

① GC102AF FID 微电流放大器不设"衰减开关"，输出信号衰减功能由数据处理机或

色谱工作站上衰减（ATT）设置来实现。

② GC102AF FID 微电流放大器安装在仪器右侧的气路面板上方。

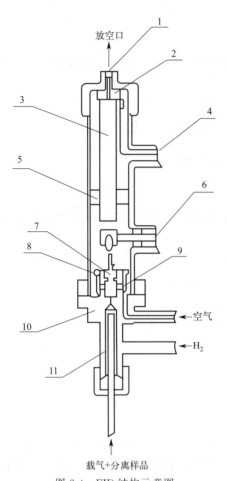

图 2-4　FID 结构示意图

1—放空口；2,5—绝缘垫圈；3—收集极；
4—信号引出线；6—发射极-点火极引出线；
7—喷口；8—挡风圈；9—喷口密封垫圈；
10—FID 基座；11—色谱柱

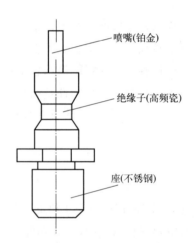

图 2-5　氢焰喷口结构示意

进度检查

一、填空题

1. 热导检测器由　　　　　　和　　　　　　组成。　　　　　　是由电阻值完全相同的金属丝如铜、铂、钨或镍等制成，目前普遍采用铼钨丝。　　　　　　一般由不锈钢或铜块制成。

2. GC102AF 气相色谱仪的检测器是　　　　　　，其结构为　　　　　　。

3. GC102AT 热导检测器为　　　　　　，一般常选用　　　　或　　　　作为载气。

二、判断题（正确的在括号内画"√"，错误的画"×"）
    1. 在仪器使用中，若发现喷口堵塞和污染现象，可不更换喷口。（　　）
    2. 未开启载气就接通恒流源开关，将烧毁热导钨丝的平衡性能。（　　）
    3. 与分析中常见样品组分热导系数差异大的气体有氢气、氦气等。（　　）

三、简答题
    使用热导检测器时，应注意哪些问题？

编号 FJC-89-03

学习单元 2-3　气相色谱用热导检测器开机和停机操作

职业领域：化工、石油、环保、医药、冶金、建材等。
工作范围：分析。
学习目标：掌握 GC102AT 气相色谱仪的热导检测器开机和停机操作。
所需仪器、药品和设备

序号	名称及说明	数量
1	GC102AT 气相色谱仪	1 台
2	H_2 高压气瓶	1 瓶

温度是色谱操作的重要条件之一，特别是色谱柱箱的温度，即色谱柱的温度，是非常重要的操作参数，它对柱的分离效率和分离速度有较大的影响。温度高不利于分离，温度低分离速度慢，所以应从两方面因素考虑来选择适当的柱温，并参考分析样品沸点和固定液的最高使用温度。

① 检测器温度一般高于柱温，最低等于柱温。

② 汽化室温度一般选择比分析样品组分中最高的沸点再高出 30~50℃，这样能保证分析样品迅速完全汽化，但不选择过高的温度，以免引起样品热分解。

一、色谱条件

① 载气：氢气（纯度不低于 99.99%），流速 30mL/min；
② 柱温：90℃；
③ 检测器温度：90℃；
④ 进样器温度：100℃。

二、恒温工作时 TCD 的操作步骤

1. 检查气路和信号线的连接与安装

① 连接载气（氢气）外气路并检漏。
② 安装好两根已老化过的色谱柱（从进样器至 TCD）。
③ 连接记录仪、数据处理机或色谱工作站的电源线。
④ 连接上述仪表的信号线，即信号导线的一端与记录仪或色谱工作站信号输入端连接，另一端插在仪器背面的"TCD 输出"插座上。

2. 通载气

① 打开高压钢瓶气源。

② 调减压阀，使输出气体的压力为 0.5MPa 左右。

③ 调节气路面板上的 A、B 载气稳流阀旋钮，将载气流量调至适当值（根据分离条件，刻度旋钮所需旋转圈数可由附录 1 "GC102AT 气体流量表"查得）。

3. 通电升温

打开主机电源开关，按上面所述，仪器自检完成后分别设置柱箱、检测器和进样器温度，然后按［启始/停止］键启动温控升温。例如，柱箱：100℃；进样器：90℃；检测器：90℃。

4. 加桥路电流

待各路温度均达到设定值后，即可设置 TCD 工作电流。用氢气作载气（99.999％以上）一般常用工作电流为 120~200mA，实际使用中应根据色谱分析的具体条件选择合适的 TCD 工作电流。按动 TCD 恒流源面板上的［恒流源开关］按钮，同时左侧指示灯应变亮。

5. 记录仪调零

打开记录仪电源及相应的记录仪笔开关，将记录仪输入端三个点短路，记录仪量程置于 1mV 处，调节记录仪笔相应的调零电位器，使记录仪笔处于适当位置，即基线位置。

若使用数据处理机或色谱工作站，则按其说明书操作步骤调节零位。

6. 进样分析

调节 TCD 恒流源的"调零"旋钮，调出记录的色谱基线，待基线稳定后，即能进样分析。若需要改变出峰方向，可通过设置"极性"来实现；亦可改变进入样品的进样管（A 或 B）来实现。

7. 停机操作

当结束 TCD 工作时，务必遵守"先切断热导桥路电流，后停止升温，再切断载气"的规则。即结束工作时，先关闭记录仪或色谱工作站、电脑，再将 TCD 工作电流重新设置为"0mA"，待柱温降至室温后，关闭主机总电源，然后再将载气（H_2）高压气瓶总阀关闭。

三、TCD 使用注意事项

① TCD 温度的设定除了须考虑分析样品的性质外，还必须考虑 TCD 桥路电流的大小，一般 TCD 桥路电流越大，则需控制的热导检测器温度就越高。

② TCD 桥路电流的设置与所用的载气性质有极大的关系。如用氢气作载气，最大工作电流可达 250mA；若用氮气作载气，最大工作电流不能超过 180mA。过大的工作电流有损 TCD 的寿命，亦会加快铼钨丝的氧化，甚至立即烧断钨丝，造成检测器报废。为了延长铼钨丝的使用寿命，尽可能使用热导系数较大的气体，例如氢气、氦气作为载气。

③ TCD 工作时，必须遵守"先通载气（H_2），后升温度，再加电流"的规则。即当 TCD 未通载气（H_2）时，千万不可设置桥路电流，更不可按动恒流源面板上的［恒流源开关］按钮，否则会损坏铼钨丝。

进度检查

一、填空题

1. TCD 工作时，必须遵守"_____，_____，_____"的规则。

2. 当结束当天的 TCD 工作时，务必遵守"_____，_____，再切断载气"的规则。

3. 设置控温区域温度和电流时，应先通入载气，_____，柱箱温度的设置值不应高于_____的最高使用温度。

4. 检测器温度一般高于_____，最低等于_____。

二、简答题

正确操作热导检测器时，应注意什么问题？

三、操作题

练习 GC102AT 气相色谱仪的开机和停机操作。

编号 FJC-89-04

学习单元 2-4 气相色谱用氢火焰离子化检测器开机和停机操作

职业领域： 化工、石油、环保、医药、冶金、建材等。
工作范围： 分析。
学习目标： 掌握 GC102AF 气相色谱仪的氢火焰离子化检测器开机和停机操作。
所需仪器、药品和设备

序号	名称及说明	数量
1	GC102AF 气相色谱仪	1台
2	H_2 高压气瓶	1瓶
3	N_2 高压气瓶	1瓶
4	O_2（空气）高压气瓶	1瓶

一、恒温工作时 FID 的操作步骤

1. 检查气路和信号线的连接与安装

① 连接载气、空气及氢气的外气路并检漏。
② 安装好已老化过的色谱柱（从进样器至 FID）。
③ 安装 FID 收集极至 FID 放大器信号入口间的高频电缆部件。
④ 连接记录仪的电源线。

2. 通载气

① 打开高压钢瓶气源。
② 调减压阀，使输出气体的压力为 0.5MPa 左右。
③ 调节气路面板上的载气稳流阀旋钮，将载气流量调至适当值（根据分离条件，刻度旋钮所需旋转圈数可由"气体流量表"查得）。

3. 通电升温

① 打开主机电源开关，按上面所述，仪器自检完成后分别设置柱箱、检测器和进样器温度，然后按[启始/停止]键启动温控升温。例如，柱箱：100℃；进样器：90℃；检测器：90℃。
② 设定微机面板使 FID 放大器处于所需工作状态。例如，灵敏度（量程）：10^8；极性：正。

4. 记录仪调零

① 打开记录仪电源及相应的记录仪笔开关，将记录仪输入端三个点短路，记录仪量程置于1mV处，调节记录仪笔相应的调零电位器，使记录仪笔处于适当位置，即基线位置。

② 连接记录仪的信号线，即信号线一端和记录仪输入端相连，另一端和主机电箱右侧下方的信号输出端相连。

③ 待进样器、检测器（FID）及柱箱温度平衡后，打开空气和氢气气源，旋转低压调节杆，直至空气低压表指示为0.3～0.6MPa，氢气低压表指示为0.2～0.35MPa。

④ 调节气路面板上空气针形阀旋钮和氢气针形阀旋钮，根据操作条件需要，将空气和氢气调节至适当流量（圈数和流量的关系可由相应的"流量-刻度表"查得）。

若使用数据处理机或色谱工作站，则按其说明书操作步骤调节零位。

5. 点火

按动微机温控面板上［点火］键，火焰点燃后，记录笔会偏离原来位置。判断火是否点燃的常用方法有如下两种：

① 氢气流量变动一下，若记录笔有反应，则说明火已点燃。

② 用表面光洁的金属体或玻璃片放在离子室的"放空口"处，若金属体或玻璃片表面有水蒸气凝结，则说明火已点燃。

6. 进样分析

用FID放大器上"粗""细"基始电流补偿旋钮将记录笔调至适当位置，待基线稳定后即能进样分析。

7. 停机操作

仪器关闭时，应先关闭氢气、氧气（灭火），再关闭记录仪或色谱工作站、电脑，然后降温至室温左右，关闭主机总电源，最后再将载气（N_2）高压气瓶总阀关闭。

二、FID使用注意事项

① FID是高灵敏度检测器，必须用高纯度的载气（99.99％N_2），而且载气、氢气及空气，应经净化器净化。

② 柱子老化时，不要把柱子与检测器连接，以免检测器被污染。本机出厂时所附色谱柱最高使用温度为230℃，同时在老化柱子时不要打开氧气气源。新仪器首次使用或仪器长时间停用后再使用时，必须重新老化色谱柱，以保证仪器的工作稳定性。

③ 在各操作温度未平衡之前将氢气及空气源关闭，以防止检测器内积水。

④ 在点火时，不要使按钮按下的时间过长，以免损坏点火圈。

⑤ 在使用仪器最高灵敏度档分析时，所用的色谱柱应经过彻底老化。

⑥ 仪器开机后，应先通载气再升温，待FID温度超过100℃时方能点火。

⑦ 为方便点火，应先把氢气流量调大，然后点火。待点着火后，再慢慢地把氢气流量调回分析所需的流量值。

⑧ 仪器关闭时应先关闭氢气（灭火），然后降温，最后关闭载气。

⑨ FID灵敏度取决于H_2与载气（或与毛细管柱载气＋尾吹气）流速之比，有一个操作

的最佳比例。一般情况，感兴趣的样品组分浓度高时，增大空气流速可能是必要的；如果感兴趣的样品组分浓度低时，可以减小空气流速。图 2-6 表示氢气与载气流速的最佳比例。

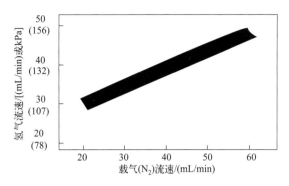

图 2-6　氢气与载气流速的最佳比例图

进度检查

一、填空题

1. 仪器开机后，应先通_____再升温，待 FID 温度超过_____时方能点火。
2. 仪器关闭时应先关闭_____，然后降温，最后关闭_____。
3. FID 是高灵敏度检测器，必须用高纯度的_____，而且载气、氢气及空气应经_____净化。
4. 在使用仪器最高灵敏度档分析时，所用的色谱柱应经过_____。

二、简答题

1. GC102AF 气相色谱仪的开机和停机操作分别是怎样的？
2. 使用氢火焰离子化检测器，在操作时应注意什么问题？

三、操作题

练习 GC102AF 气相色谱仪的开机和停机操作。

编号 FJC-89-05

学习单元 2-5　N2000 色谱工作站的使用

职业领域：化工、石油、环保、医药、冶金、建材等。
工作范围：分析。
学习目标：掌握 N2000 色谱工作站的使用方法。
所需仪器、药品和设备

序号	名称及说明	数量
1	GC102AF 气相色谱仪	1 台
2	GC102AT 气相色谱仪	1 台
3	H_2 高压气瓶	1 瓶
4	N_2 高压气瓶	1 瓶
5	O_2(空气)高压气瓶	1 瓶

　　N2000 色谱工作站是基于 Windows 操作平台、具有友好操作界面的色谱分析应用软件。下面将对 N2000 在线工作站进行详细介绍。

一、在线实时采集界面

　　N2000 在线色谱工作站实时采集界面包括主菜单、工具栏及弹出对话框；该工作站是双通道的，因此可以连接两台色谱仪同时打开两个通道。N2000 在线色谱工作站系统界面如图 2-7 所示。

1. 主菜单

　　主菜单包括方法、报告、系统设置、窗口及帮助五个菜单项，如图 2-8 所示。
　　(1) 方法菜单　主要用于对进样操作方法进行选择。在下拉方法菜单，可以看到缺省、打开、保存、另存四个菜单选项，如图 2-9 所示。
　　① 打开：用于打开已经存在的操作方法，其热键为 Ctrl+O。点此项将看到如图 2-10 所示的对话框。
　　② 保存：用于保存已经修改好的操作方法，热键为 Ctrl+S。
　　③ 另存：用于保存已经编制好的操作方法，热键为 Ctrl+A。点击此菜单项将跳出图 2-11 所示窗口。
　　④ 缺省：用于打开本软件系统所默认的操作方法，热键为 Ctrl+D。只需点击这一菜单项，系统会自动将使用方法转为默认方法。

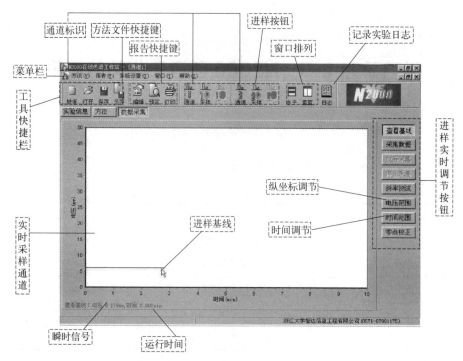

图 2-7 N2000 在线色谱工作站系统界面

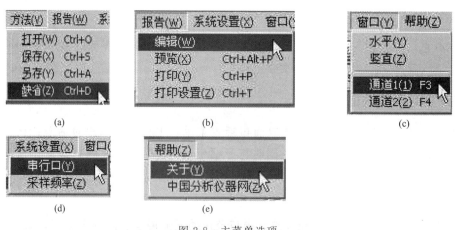

图 2-8 主菜单选项

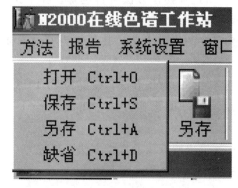

图 2-9 方法菜单下拉菜单

图 2-10　打开菜单窗口

图 2-11　另存菜单窗口

(2) 报告菜单　用于对实验报告进行编辑和修改等操作。拉开此菜单项可以看到编辑、预览、打印三个菜单项，如图 2-12 所示。

图 2-12　报告菜单窗口

① 编辑：用于对实验报告进行编辑（见图 2-13）。
② 预览：主要用于对编辑或修改好的实验报告进行预浏览，其热键为 Ctrl＋Alt＋P。
③ 打印：用于实验报告的打印输出，其热键为 Ctrl＋P。
(3) 系统设置菜单　主要用于对工作站与计算机信号输入及输出之间的串行口位置的设

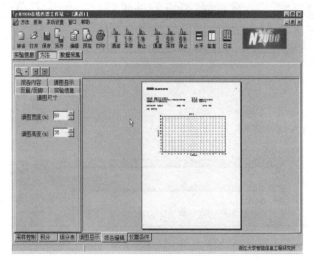

图 2-13 编辑菜单窗口

置,同时也可在此对数据采集频率进行设置。它包括两个菜单项:串行口和采样频率,如图 2-14 所示。

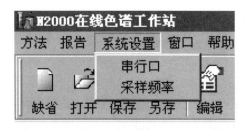

图 2-14 系统设置菜单窗口

① 串行口:此菜单项可以对所拥有的工作站与计算机所连接和串行口进行设置和更改。点击此项,系统将弹出如图 2-15 所示窗口。

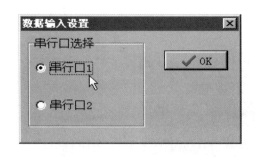

图 2-15 串行口菜单窗口

图 2-16 采样频率菜单窗口

② 采样频率:可以在此对采样频率进行调整设置。点击该菜单项,可以看到如图 2-16 所示对话框。

(4) 窗口菜单 主要用于对采样通道进行打开、调整等操作。下拉此菜单可以看到水平、竖直、通道 1、通道 2 四个菜单项,如图 2-7 所示。

① 水平:点击此项,系统将已经打开的两个通道水平排列,如图 2-18 所示。

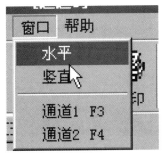
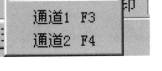

图 2-17 窗口菜单下拉菜单　　　　　　图 2-18 水平菜单窗口

② 竖直：点击此项，系统将已经打开的两个通道竖直排列，如图 2-19 所示。

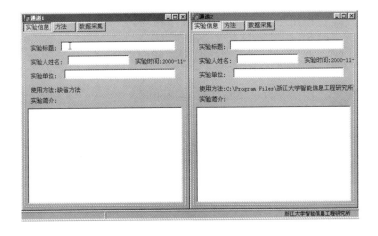

图 2-19 竖直菜单窗口

③ 通道 1：点击此项，将打开采样通道 1，其热键为 F3。
④ 通道 2：点击此项，将打开采样通道 2，其热键为 F5。

（5）帮助菜单　主要用于对软件所有权进行说明。点击此项菜单，将看到一个关于软件所有者说明的对话框，如图 2-20 所示。

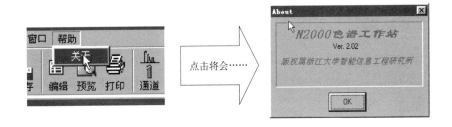

图 2-20 帮助菜单窗口

2. 工具栏

N2000 在线色谱工作站主菜单之下设计的是工具条一栏，如图 2-21 所示。包括十六项：

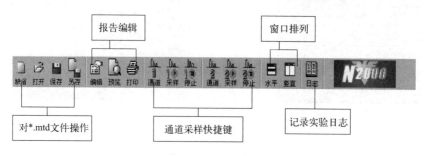

图 2-21 工具栏窗口

① 缺省工具条 ![缺省]：作用与方法菜单中缺省项相同。

② 打开工具条 ![打开]：作用与方法菜单中打开项相同。

③ 保存工具条 ![保存]：作用与方法菜单中保存项相同。

④ 另存工具条 ![另存]：作用与方法菜单中另存项相同。

⑤ 编辑工具条 ![编辑]、预览工具条 ![预览] 及打印工具条 ![打印]：与主菜单项报告中各项作用相同，在此不再一一介绍。

⑥ ![通道1][采样][停止] 这三个工具条是对通道 1 采样控制进行操作的。

⑦ ![通道2][采样][停止] 这三个工具条是对通道 2 采样控制进行操作的。

⑧ 水平工具条 ![水平]、竖直工具条 ![竖直]：这两个工具条功能与窗口菜单中水平和竖直两项相同。

⑨ 日志工具条 ![日志]：点击这一工具条，将弹出一个称为实验日志的窗口，如图 2-22 所示。

此窗口主要功能是：将每次实验所做的事件储存起来，以便以后查看。

3. 采样通道

以通道 1 窗口为例进行介绍。采样通道 1 窗口如图 2-23 所示。

二、实时进样基本操作步骤

实时进样基本操作步骤如图 2-24 所示。

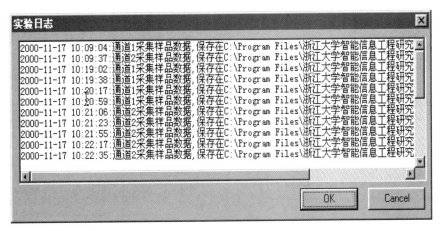

图 2-22 实验日志窗口

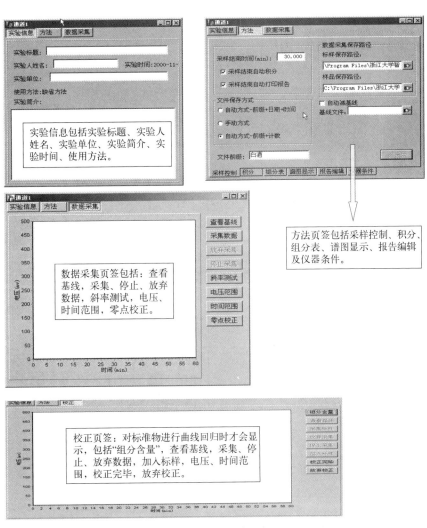

图 2-23 采样通道 1 窗口

模块 2 气相色谱仪的操作

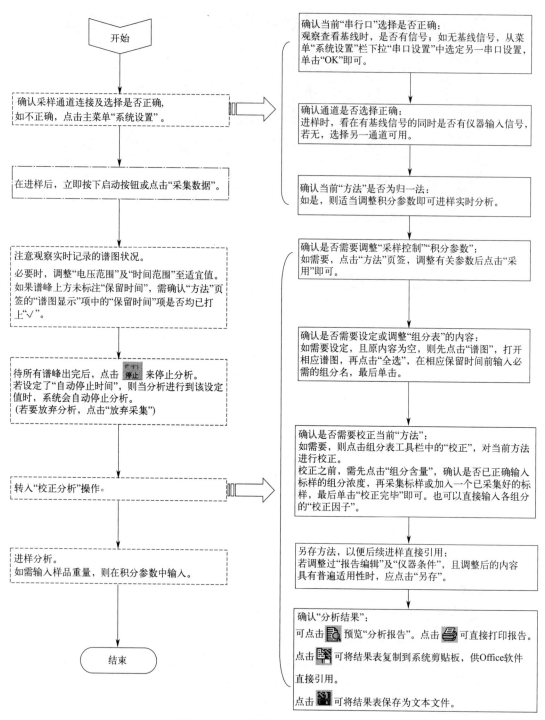

图 2-24　实时进样基本操作步骤图示

1. 采样控制

在"方法"页签中,可以通过该选项对所采集样品的保存方式和保存路径等进行设置,如图 2-25 所示。

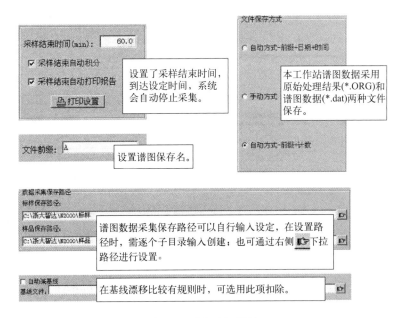

图 2-25 "方法"页签

2. 积分

此页签包含在"方法"页签中,可设置定量参数及积分参数,其中积分参数选择如图 2-26 所示。

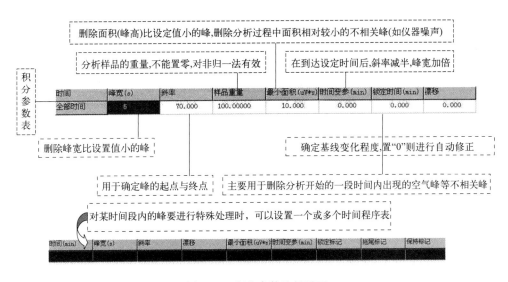

图 2-26 积分参数选择界面

3. 组分表

如果定量方法是内标法,其内标峰应当在其他峰之前。若内标峰不在其他组分峰前面,应手动调整,并通过 做上"是"标记,再在"内标物纯量"中输入内标峰重量(或体积),具体操作如图 2-27 所示。

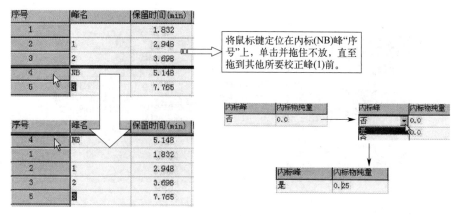

图 2-27 组分表调整界面

三、方法文件的编辑

方法是指控制工作站对色谱仪的信号进行显示、采样保存、分析计算、打印、同时记录实验条件的一个程序，包括采样控制、积分参数、组分表、谱图显示控制、报告编辑格式、仪器条件等。

本工作站所用的方法有三类：储存方法、缺省方法、现用方法，扩展名为.mtd。

1. 实验信息编辑

作为报告内容的一部分，实验信息可以在进入通道后就编辑好，也可在采集结束后进行编辑。具体操作：只需单击通道的"实验信息"页签，在相应的"实验标题""实验人姓名""实验单位""实验简介"中输入文字，"实验时间"及"使用方法"中不能修改的，由计算机自动引用，如图 2-28 所示。

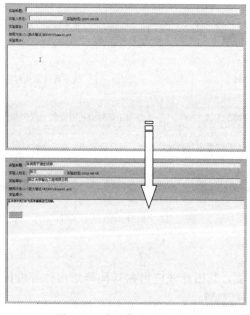

图 2-28 实验信息编辑界面

2. 谱图显示设置

在工作站"方法"页签中，可以对谱图显示进行调整，包括电压显示范围、时间显示范围、显示颜色、注释内容（见图 2-29）。

图 2-29　谱图显示设置界面

3. 报告编辑

报告编辑包括谱图显示、谱图尺寸、实验信息、报告内容、页眉/页脚的设置（见图 2-30）。在这可以定制报告所需的内容。

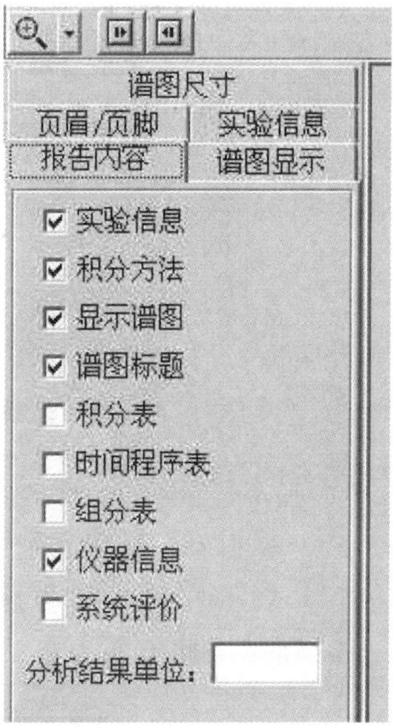

系统评价：是对分离柱进行评价的相关参数，包括半峰宽、塔板数、不对称度、分离度、拖尾因子等。

谱图显示：包括对峰标识进行选择设置。

①  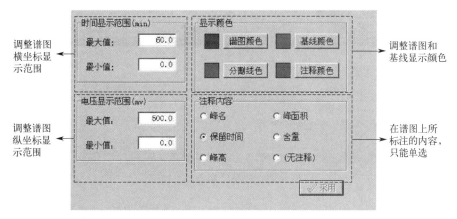 ：此功能按钮用于放大预览实验报告。

②  ：该按钮用于查阅预览下一页实验报告。

③  ：该按钮用于查阅预览上一页实验报告。

4. 仪器条件

根据具体实验内容设置。

5. 绘制校正曲线

至此一个完整的方法文件已编辑好，此时可以单击"另存"用以保存这个方法，后缀名为 *.ORG 文件。

图 2-30　报告编辑界面

四、绘制回归曲线——标准物的方法校正

（一）操作步骤

1. 选择积分方法及参数

（1）选择"方法"页签中"积分"　如图 2-31 所示。

（2）选择积分参量"高度"或"面积"、"积分方法"　如图 2-32 所示。

模块 2　气相色谱仪的操作

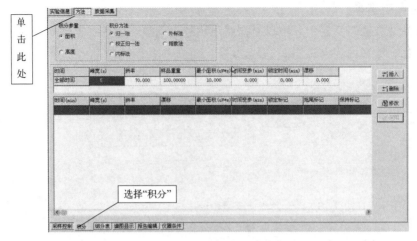

图 2-31 选择"积分"界面

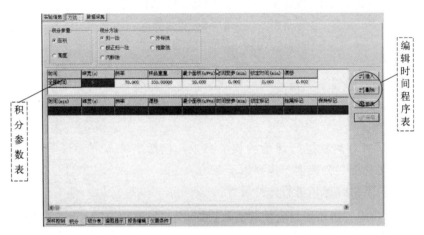

图 2-32 选择积分参量和积分方法界面

(3) 编辑好"积分参数表"。

(4) 编辑好"时间程序表" 单击"插入",系统将跳出"时间程序表"窗口,如图 2-33 所示(此步骤为非必选,可以省略)。

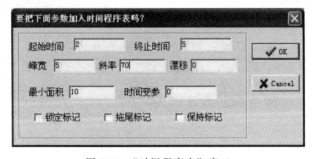

图 2-33 "时间程序表"窗口

时间程序表设置时需注意:

① 在时间程序表中,起始时间不能设为"0";

② 后一个时间程序表的起始时间不能和前一个时间程序表的终止时间重叠；
③ "锁定标记"：在前面划上 ✓ ，则在此时间段内所有峰将被锁定；
④ "拖尾标记"：在前面划上 ✓ ，则在此时间段内所有峰将以拖尾峰形式处理；
⑤ "保持标记"：在前面划上 ✓ ，则在此时间段内所有峰积分将与基线保持一致。

2. 编辑组分表

(1) 调出标样谱图　选择"组分表"页签，单击右侧的" 谱图 "按钮，则跳出打开窗口，如图 2-34 所示，找到标样相应路径，并打开所要处理的标样谱图。

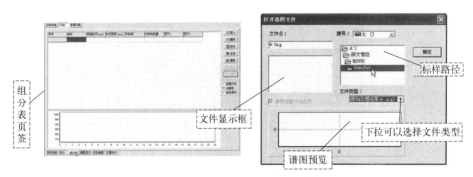

图 2-34　调出标样谱图界面

文件类型有三种形式：原始处理结果（*.ORG）、修改后结果（*.MDY）及谱图数据（*.dat），标样谱图以*.dat 文件形式保存。

(2) 选择组分峰　打开标样谱图后，可以通过组分表页签右侧的" 插入 "及" 全选 "来编辑组分表，如图 2-35 所示。

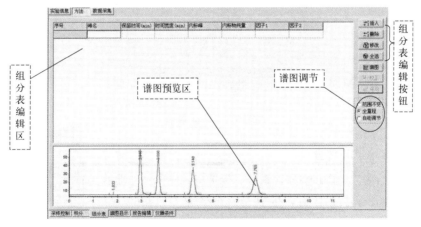

图 2-35　选择组分峰界面

① " 插入 "：单个峰逐个插入。按下 Shift 键用鼠标选中所需要的峰，单击插入，即弹出请输入组分的一个对话框，只需输入组分名、时间宽度，如图 2-36 所示。

② " 全选 "：单击全选。系统将所有已积分的峰全部选中，您只要找到所需要的峰，并输入组分名即可，单击采用后可将空白的组分清除。

采用后，系统会跳出"提交成功"窗口。

(3) 单击"校正"　校正界面如图 2-37 所示，根据需要点击相应的编辑校正按钮即可。

模块 2　气相色谱仪的操作　83

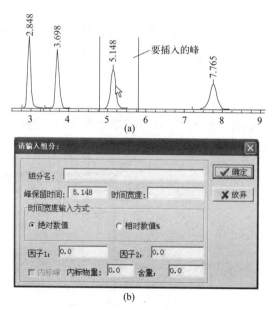

图 2-36 单个峰逐个插入界面

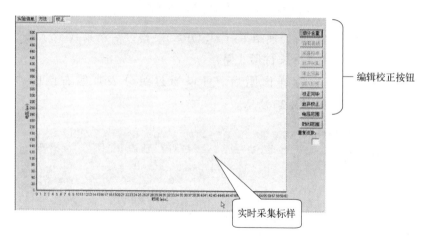

图 2-37 校正界面

3. 输入标准品组分含量

单击"组分含量",弹出组分含量输入窗口,如图 2-38 所示。在表中输入各组分标准品含量,可以是百分含量,也可以是浓度等。

4. 运行校正

(1) 采集标样 实时联机进标样,按下遥控开关,待所有峰出完后,按下停止采集,即自动完成一次校正。如需多次校正,只需重复以上步骤,直至单击完成校正。

(2) 加入标样 只需将已经采集好并保存在硬盘中的标样谱图直接打开,依次进行校正即可。

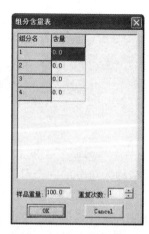

图 2-38 组分含量输入窗口

5. 预览校正曲线

单击校正完毕后，系统将弹出如图 2-39 所示窗口。

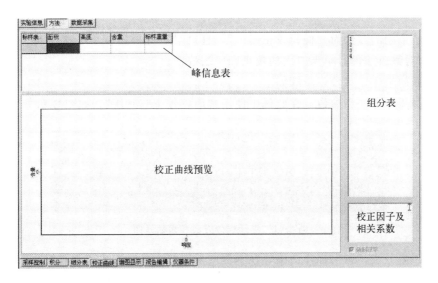

图 2-39　预览校正曲线窗口

若要查看各组分校正曲线，只需单击右侧各组分名，如图 2-40 所示。

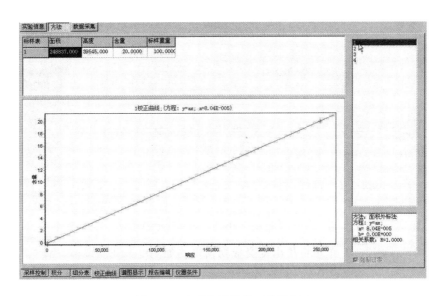

图 2-40　查看各组分校正曲线窗口

（二）几种方法介绍

1. 校正归一法（单点多次校正）

在本例中，所测样品有四种组分，各组分浓度如表 2-1 所示。

表 2-1　各组分浓度

组分名	组分浓度/%	组分名	组分浓度/%
A	25.23	C	15.5
B	45.22	D	14

该样品所采用的方法为"面积校正归一"，且已对该标样进行了 2 次平行进样（重复进样）。现要求对该方法进行单点二次的校正归一法校正。

参照前面的叙述，其校正步骤如下：

(1) 选择积分方法和参数　在此例中使用"面积校正归一法"，如图 2-41 所示。

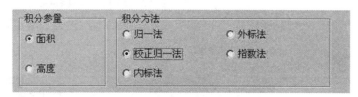

图 2-41　选择积分方法和参数界面

(2) 编辑组分表，调出标样谱图　在本例中采用"全选"方式套用各组分保留时间及时间宽度，并在峰名一栏中输入组分名"A""B""C""D"，如图 2-42 所示。

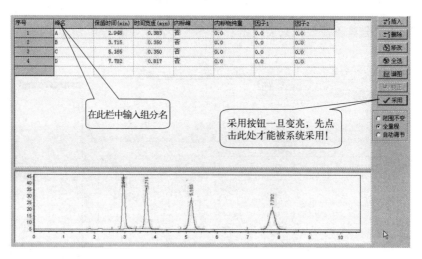

图 2-42　编辑组分表和调出标样谱图界面

然后单击"采用"，工作站将跳出提交成功窗口，如图 2-43 所示。

图 2-43　提交成功窗口

单击"OK"，工作站将加亮"校正"按钮；单击"校正"，工作站将跳出校正窗口。

(3) 输入标准品含量　单击"组分含量"，在组分含量表中输入 A、B、C、D 的浓度，如图 2-44 所示。

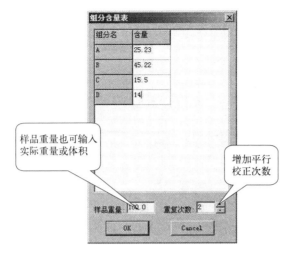

图 2-44 输入标准品含量界面

注意：在输入组分含量时，请将输入法切换成英文形式，因为在中文输入法下，很容易将小数点"."输成句号"。"，这是软件不能接受的格式，否则系统将提示"请输入正确的数值"。

（4）校正 在本例中采用"加入标样"来运行校正。单击"加入标样"，工作站将跳出"打开谱图文件"窗口，选择标样 hplc1.dat，单击"确定"，即完成一次校正，如图 2-45 所示。

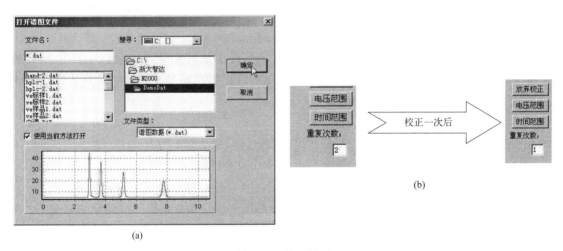

图 2-45 校正界面

重复第一次校正步骤，即再点击一次"加入标样"，打开标样谱图 hplc2.dat 文件，并"确定"，直至"重复次数"变为 0（见图 2-46）单击"校正完毕"用以完成本次平行两点校正。

（5）预览校正曲线 校正完毕后，系统会弹出如图 2-47 所示预览界面。

单击"另存"，输入方法文件名"面积校正归一法（平行两次校正）测样.mtd"，用以保存校正曲线，以便分析样品使用。

图 2-46 校正完毕界面

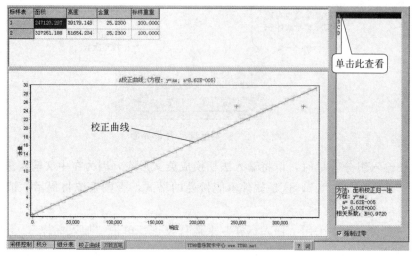

图 2-47 校正曲线预览界面

2. 高度内标法（单组分单点二次校正）

下面以维生素 E 溶液浓度的测定为例进行说明。

标准样品的配制：精确称取 98.54mg 维生素 E 标准品（含量为 99.3%）于 100mL 容量瓶中，用含 1mg/mL 内标物正三十二烷（C32）的正己烷稀释至刻度。可算出维生素 E 标准品的浓度（即标浓度1）为 0.9785mg/mL。

样品 1 的配制：精确称取 96.13mg 样品于 100mL 容量瓶中，用含 1mg/mL 内标物 C32 的正己烷稀释至刻度。可算出维生素 E 样品的浓度（即样品量）为 0.9613mg/mL。

样品 2 的配制：精确称取 90.10mg 样品于 100mL 容量瓶中，用含 1mg/mL 内标物 C32 的正己烷稀释至刻度。可算出维生素 E 样品的浓度（即样品量）为 0.9010mg/mL。

标准品连续进两针，做平行二次校正。标准品组分浓度和待测样品浓度分别如表 2-2 和表 2-3 所示。

表 2-2 标准品组分浓度

组分名	称重/mg	浓度/(mg/mL)	纯度/%	净重/mg
NB(C32)	1×100=100	1	100%	100
维生素 E	98.54	0.9785	99.3%	97.85

表 2-3 待测样品浓度

样品名	组分名	称重/mg	浓度/(mg/mL)	纯度/%	净重/mg
样品 1	NB(C32)	1×100=100	1	100%	100
	维生素 E	96.13	$0.9613X_1$	X_1	Y_1

续表

样品名	组分名	称重/mg	浓度/(mg/mL)	纯度/%	净重/mg
样品 2	NB(C32)	1×100=100	1	100%	100
	维生素 E	90.10	$0.9010X_2$	X_2	Y_2

该样品所采用的方法为"高度内标法",且已对该标样进行了 2 次平行进样(重复进样)。现要求对方法进行单组分单点二次的校正归一法校正。

参照本学习单元第四节(一)的叙述,其校正步骤如下:

(1) 选择积分方法和参数 在此例中使用"高度内标法",如图 2-48 所示。

图 2-48 选择积分方法和参数界面

(2) 编辑组分表,调出标样谱图 在本例中采用"插入"方式套用各组分保留时间及时间宽度,先按住键盘上的 Shift 键,再用鼠标单击所需要的峰,单击"组分表"页签中的 插入 分别插入 NB、维生素 E 组分峰,NB 组分峰的插入如图 2-49 所示。

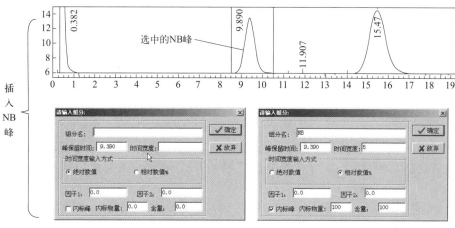

图 2-49 NB 组分峰插入界面

时间宽度可采用绝对数值,在此也可输入 0.5(min)作为时间宽度

以同样的方式插入维生素 E 组分峰,组分峰不需要作内标峰标记,不需要输入内标量及含量。如图 2-50 所示。

然后单击"采用",工作站将跳出提交成功窗口,如图 2-51 所示。

点击"OK",工作站将加亮"校正"按钮,单击"校正",工作站将跳出校正窗口。

(3) 输入标准品含量 单击"组分含量",在组分含量表中输入 NB、维生素 E 的含量,如图 2-52 所示。

注意:在输入组分含量时,请将输入法切换成英文形式,因为在中文输入法下,很容易将小数点"."输成句号"。",这是软件不能接受的格式,否则系统将提示"请输入正确的数值"。

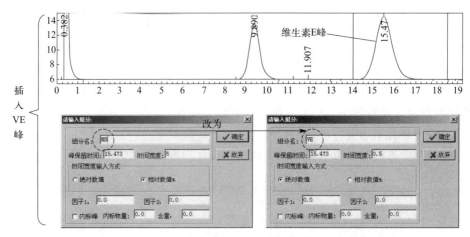

图 2-50　维生素 E 组分峰插入界面

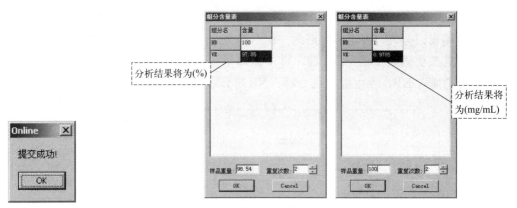

图 2-51　提交成功界面　　　　　图 2-52　输入标准品含量界面

（4）校正　在本例中采用"采集标样"来运行校正，进一针标准品，按下采集开关（或单击"采集数据"按钮），待所有组分出完峰后单击停止，以完成一次校正，如图 2-53 所示。

图 2-53　第一次校正完成界面

重复第一次校正步骤，即再进一针标准品，再次按下采集开关，待样走完后，单击"停止采集"，单击"校正完毕"用以完成本次平行两点校正（见图 2-54）。

（5）预览校正曲线　预览校正曲线界面如图 2-55 所示。

单击"另存"，输入方法文件名"高度内标法（平行两次校正）测样.MTD"，用以保存校正曲线，以便分析样品使用。

图 2-54　第二次校正完成界面

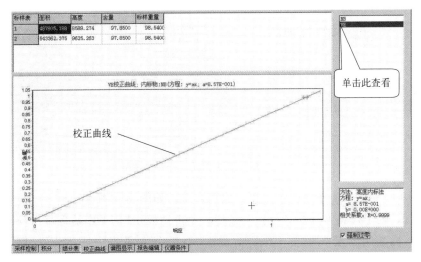

图 2-55　预览校正曲线界面

3. 面积外标法（单组分多点一次校正）

本例是测定气体 CO_2 组分含量示例，其组分浓度如表 2-4 所示。

表 2-4　气体 CO_2 组分浓度

项目	CO_2
浓度/%	20
	40
	60
	80

该样品所采用的方法为"面积外标法"，且已对该标样进行了 5 次不同浓度进样（包括一次空白）。现要求对方法进行单点五次的面积外标法校正。

参照本学习单元第四节（一）的叙述，其校正步骤如下：

（1）选择积分方法和参数　在此例中使用"面积外标法"，如图 2-56 所示。

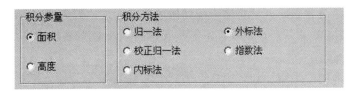

图 2-56　选择积分方法和参数界面

(2) 编辑组分表，调出标样谱图　在本例中采用"全选"方式套用各组分保留时间及时间宽度，在峰名一栏中输入组分名"CO_2"，如图2-57所示。

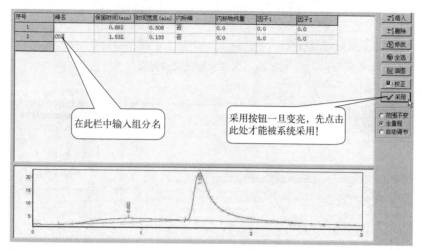

图 2-57　编辑组分表和调出标样谱图界面

然后单击"采用"，工作站将跳出提交成功窗口，如图 2-58 所示。

点击"OK"，工作站将加亮"校正"按钮，单击"校正"，工作站将跳出校正窗口。

(3) 输入标准品含量　单击"组分含量"，在组分含量表中输入 CO_2 第一点的浓度（20），如图 2-59 所示。

图 2-58　提交成功窗口　　　　图 2-59　输入标准品含量界面

注意：在输入组分含量时，请将输入法切换成英文形式，因为在中文输入法下，很容易将小数点"."输成句号"。"，这是软件不能接受的格式，否则系统将提示"请输入正确的数值"。

(4) 校正　在本例中采用"加入标样"来运行校正，单击"加入标样"，工作站将跳出"打开谱图文件"窗口，选择标样 CO2-20.dat，单击"打开"，以完成一次校正（见图 2-60）。

重复第一次校正步骤，即再点击一次"组分含量"，输入第二点浓度（40），打开标样谱

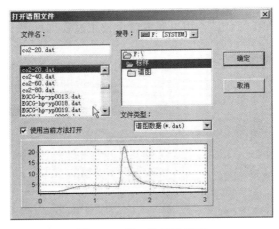

图 2-60 第一次校正界面

图 CO2-40.dat 文件，并点击"确定"，用以完成本次校正（见图 2-61）。

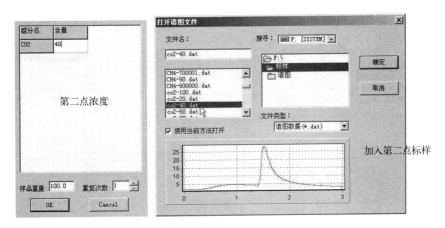

图 2-61 第二次校正界面

重复第一次校正步骤，即再点击一次"组分含量"，输入第三点浓度（60），打开标样谱图 CO2-60.dat 文件，并点击"确定"，用以完成本次校正（见图 2-62）。

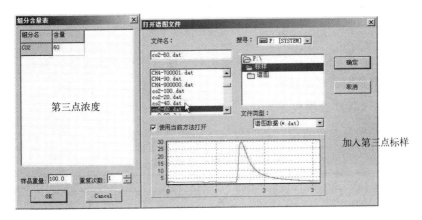

图 2-62 第三次校正界面

重复第一次校正步骤，即再点击一次"组分含量"，输入第四点浓度（80），打开标样谱图 CO2-80.dat 文件，并点"确定"，用以完成整个校正过程（见图 2-63）。

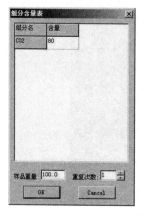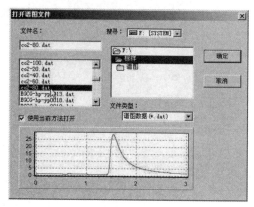

图 2-63　第四次校正界面

（5）预览校正曲线　预览界面如图 2-64 所示。

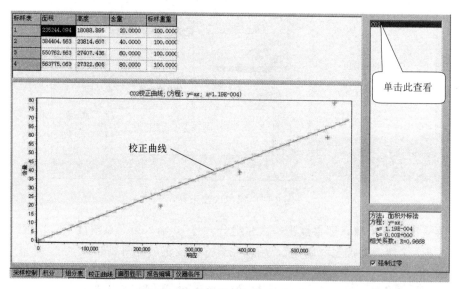

图 2-64　预览校正曲线界面

单击"另存"，输入方法文件名"面积校正归一法（平行两次校正）测样.MTD"，用以保存校正曲线，以便分析样品使用。

4. 面积外标法（两点二次校正）

本例是测定白酒中各组分含量，其组分浓度如表 2-5 所示。

表 2-5　白酒中各组分浓度

组分名	浓度 1/(mg/mL)	浓度 2/(mg/mL)
甲醇	0.01	0.02
异戊醇	0.03	0.06
异丁醇	0.06	0.12

该样品所采用的方法为"面积外标法",且已对该标样进行了4次2种浓度重复2次进样。现要求对方法进行两点二次的面积外标法校正。

参照本学习单元第四节(一)的叙述,其校正步骤如下:

(1) 选择积分方法和参数 在此例中使用"面积外标法",如图2-65所示。

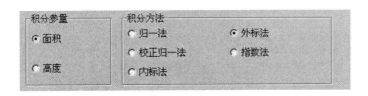

图 2-65 选择积分方法和参数界面

(2) 编辑组分表,调出标样谱图 在本例中采用"全选"方式套用各组分保留时间及时间宽度,在峰名一栏中输入组分名"甲醇""异戊醇""异丁醇"(见图2-66)。

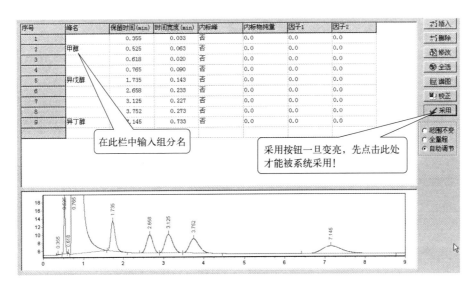

图 2-66 编辑组分表和调出标样谱图界面

然后单击"采用",工作站将跳出提交成功窗口(见图2-67)。

图 2-67 提交成功窗口

点击"OK",工作站"校正"按钮将变亮;单击"校正",工作站将跳出校正窗口。

(3) 输入标准品含量 单击"组分含量",在组分含量表中输入白酒中各组分的浓度1,如图2-68所示。

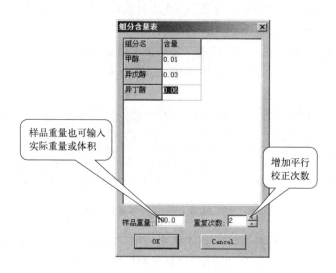

图 2-68 输入标准品含量界面

注意：在输入组分含量时，请将输入法切换成英文形式，因为在中文输入法下，很容易将小数点"."输成句号"。"，这是软件不能接受的格式，否则系统将提示"请输入正确的数值"。

（4）校正　在本例中采用"加入标样"来运行校正，单击"加入标样"，工作站将跳出"打开谱图文件"窗口，选择标样白酒标样1.dat、白酒标样2.dat，单击"打开"，以完成一次校正（见图2-69）。

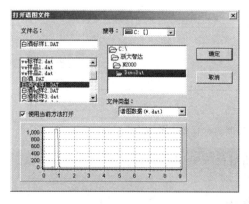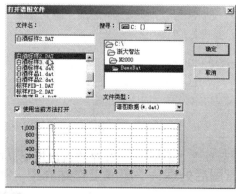

图 2-69　一次校正界面

重复第一次校正步骤，即再点击一次"组分含量"，输入白酒中各组分的浓度2，选择标样白酒标样3.dat、白酒标样4.dat，单击"打开"，以完成二次校正（见图2-70）。

（5）预览校正曲线　预览界面如图2-71所示。

单击"另存"，输入方法文件名"面积校正归一法（平行两次校正）测样.mtd"，用以保存校正曲线，以便分析样品使用。

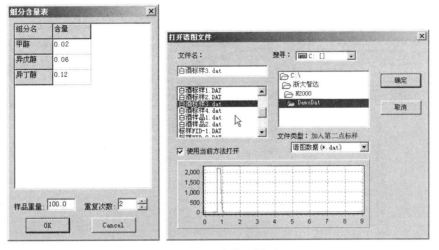

图 2-70 二次校正界面

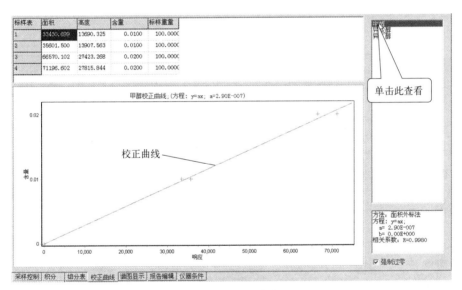

图 2-71 预览校正曲线界面

五、谱图后处理——离线工作站介绍

图 2-72 为离线工作站操作界面。

下面对 N2000 离线色谱工作站进行详细介绍。

N2000 型色谱工作站分为两大部分：在线工作站和离线工作站。对于离线色谱工作站，除了在线的数据实时采集功能之外，在工作站所拥有的其他各项功能，在离线工作站中都能找到。因此在这不再进行介绍。另外，离线工作站还多了手动积分和比较谱图两项功能，而且还可以将谱图、积分参数表、时间程序表及组分表、系统评价等粘贴输出到其他软件进行编辑。下面将一一介绍。

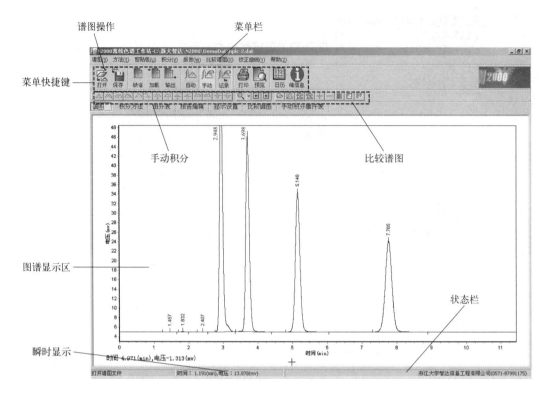

图 2-72 离线工作站操作界面

1. 定制报告

剪贴板的使用及文件的共享：单击剪贴板，选择分析结果表，可将所做的分析结果通过 windows 的粘贴功能粘贴到各软件中进行再操作（见图 2-73）。有了这一功能，就可以进行自己的实验报告的定制。

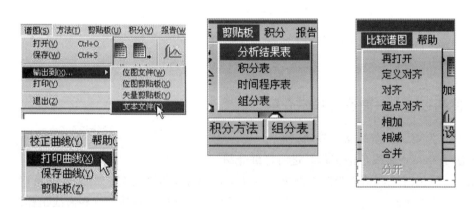

图 2-73 剪贴板的使用及文件共享图示

现在定制一个简单的实验报告单：

① 设计报告表头，包括实验标题、实验单位、实验者、实验时间、计算方法等（见图 2-74）。

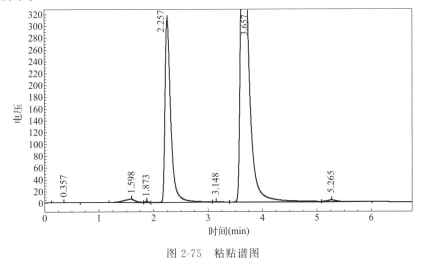

图 2-74 报告表头设计

② 粘贴谱图，单击谱图按钮，拉出输出菜单，单击 word，将谱图输出到 word 文档中，如图 2-75 所示。

图 2-75 粘贴谱图

③ 单击粘贴板，依次将分析结果表、积分表、组分表输出到所定制的 word 文档中。

④ 输出校正曲线，单击校正曲线菜单，输出校正曲线到所定制的 word 文档中，如图 2-76 所示。

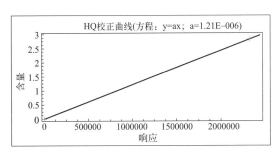
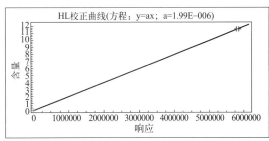

图 2-76 输出校正曲线

一个完整的实验报告如图 2-77 所示。

模块 2　气相色谱仪的操作　99

×××分析报告

实验单位：×××　　　　　　　　　　　　　　　　　　　实验者：×××
实验时间：××××-××-××　　　　　　　　　　　　报告时间：××××-××-××
谱图文件：D:\色谱工作站\新建文件夹\杀菌剂-0011-027-　　计算方法：面积外标法
0280000.org

使用仪器类型：×××　　　　　梯度方式：恒流　　　　　检测器：紫外
仪器型号：×××
柱温(℃)：室温
柱型号：C18

实验内容简介：
方法简略

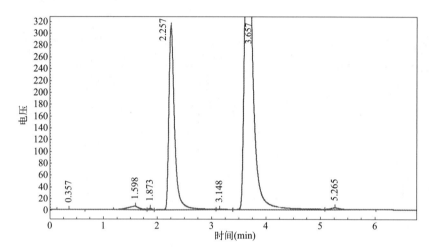

积分结果表：

峰号	峰名	保留时间	峰高	峰面积	含量（%）
1		0.397	177.129	2803.2	0
2		1.998	6187.717	84666.48	0
3		1.873	2391.011	9697.121	0
4	HQ	2.297	310900.8	2321078	2.799
9		3.148	881.989	13327.28	0
6	HL	3.697	983684.1	9762326	11.384
7		9.269	3089.921	47368.2	0
总计			907290.2	8241226	14.1798

组分表：

组分号	峰名	保留时间	时间窗宽度	斜率	截距	内标物重量
1	HQ	2.297	0.292	0	0	0
2	HL	3.982	0.2	0	0	0

积分表：

峰宽	斜率	漂移	最小面积	时间参数	锁定时间	停止时间	样品重量
9	9.833	0	1000	0	0	6.763	100.6

校正曲线：

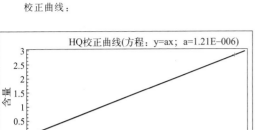
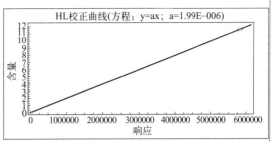

系统评价：

系统评价

峰号	峰名	保留时间	半峰宽	理论塔板数	分离度	拖尾因子	不对称度
1		0.357	0.255	10.838	0.000	0.960	1.076
2		1.598	0.205	336.772	2.699	0.644	0.831
3		1.873	0.065	4601.632	1.019	0.986	0.889
4	HQ	2.257	0.107	2479.631	2.233	0.446	1.911
5		3.148	0.308	577.604	2.149	2.372	3.744
6	HL	3.657	0.140	3779.413	1.134	0.666	2.089
7		5.265	0.185	4487.071	4.949	2.165	2.486

比较谱图：（这一效果需要一定的抓图软件）

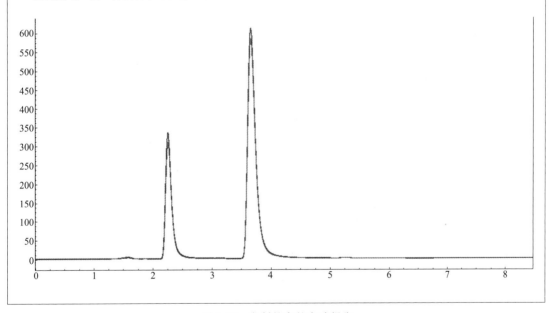

图 2-77　定制的完整实验报告

2. 比较谱图

离线色谱数据工作站有比较谱图功能，单击谱图比较菜单，就可以同时打开两个谱图并对之进行比较或加减。方法为用鼠标单击"再打开"按钮或选中菜单中的相应功能，上面的是用来比较的谱图，下面的是被比较的谱图。在谱图加减运算中，上面的谱图是用来加减的谱图，下面的是被加减的目标谱图。谱图比较有很多实用的功能，如图 2-78 所示，具体操作如下所述。

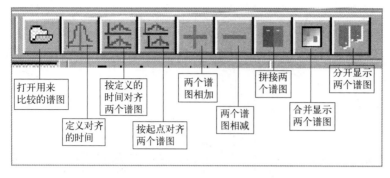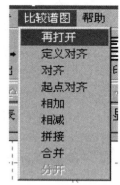

图 2-78　谱图比较菜单

（1）分开显示谱图与合并显示　再打开一个谱图后，可以把多个谱图用合并显示与分开显示两种方式进行查看。一般默认为分开显示，如需合并显示，则用鼠标单击"合并显示"按钮或在菜单中选中该功能，工作站马上就可以将两个谱图合并在一起显示，如图 2-79 所示，反之亦然。

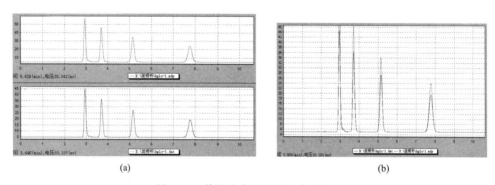

(a)　　　　　　　　　　　　　　　(b)

图 2-79　谱图的分开显示与合并显示

（2）谱图的对齐　为了方便地进行比较，可以根据需要对齐两个谱图，除了工作站默认的方式即起点对齐以外，工作站还可以先自定义好对齐的时间点，然后单击对齐，如图 2-80 所示。

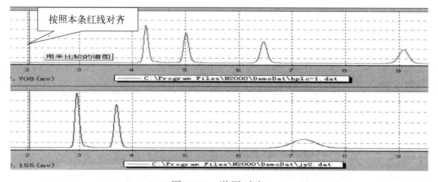

图 2-80　谱图对齐

（3）谱图的加减　N2000 型色谱工作站还提供了多个谱图相加减的功能，在打开如图 2-81 所示两个谱图后，只要用鼠标单击"谱图相加"按钮或在菜单中选中该功能，就可得到如图 2-82 所示相加的谱图结果，还可以根据需要对运算结果加以保存。谱图相减是操作和谱图相加一样，谱是上述多个谱图相减后的结果。

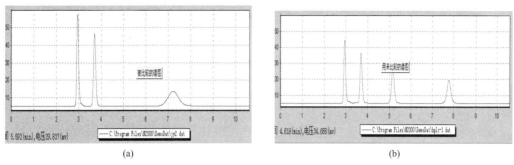

图 2-81 两个不同的谱图

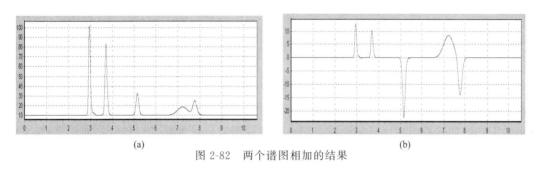

图 2-82 两个谱图相加的结果

3. 手动积分

实际分析中有时由于样品十分复杂，实验室所用的色谱分离技术无法达到较理想的分离状况。虽然 N2000 色谱数据工作站采用了国际上最先进的算法对色谱信号进行智能鉴别，但作为一个软件产品，要百分之百准确地区分出峰的起点、终点与峰的类型，仍然具有一定的难度，于是工作站就提供了一个人工对色谱峰的识别进行补充处理的工具，这就是手动积分（图 2-83）。手动积分是对工作站智能自动判别的一种合理补充。

手动积分有手动画基线、设置峰类型（单峰/重叠峰/拖尾峰）、移动起点与结束点、增加分割线/删除分割线、添加峰、设置水平基线、添加负峰及删除负峰等几种功能。

手动积分的各个功能使用方法如下：必须先用鼠标按下手动积分按钮，或者选中积分菜单中的手动积分功能，等到手动积分的各子功能按钮弹出（如图 2-84 所示），然后就可以按照色谱工作站在谱图下方给出的提示，用鼠标单击所需功能按钮，按下该按钮，并在谱图上选择想改变的目标点以及改动以后的点即可。具体各功能的操作如下所述。

图 2-83 手动积分菜单

（1）手动画基线 △ 用鼠标按下手动画基线按钮或在菜单上选中该功能，然后用鼠标分别在色谱图上单击选择所需改变色谱峰基线的起点及终点，工作站即自动在两个点之间画一条基线，并强制按这条线计算出该色谱峰的面积（见图 2-85）。

图 2-84 手动积分子功能菜单

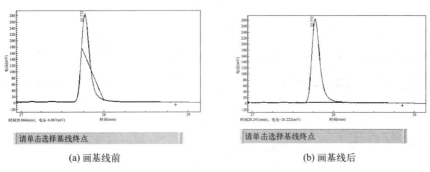

(a) 画基线前　　　　　　　　　　(b) 画基线后

图 2-85 手动画基线结果

（2）强制改变峰类型（单峰▲/重叠峰▲/拖尾峰▲）　用鼠标按下强制为单峰按钮或在菜单上选中该功能，然后用鼠标分别在色谱图上单击选择所需改变色谱峰类型的起点及终点，工作站即按要求对所选时间段内的色谱峰强制以单峰重新进行积分，如图 2-86 所示。强制为重叠峰与强制为拖尾峰的操作与强制为单峰一样。

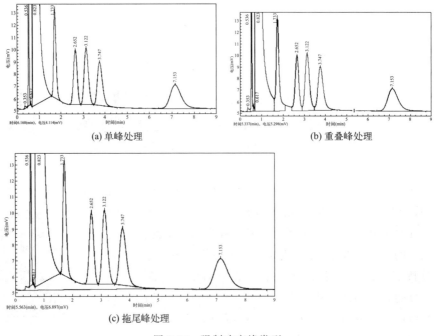

图 2-86 强制改变峰类型

（3）移动起点▲/移动结束点▲　用鼠标按下移动起点（或结束点）按钮或在菜单上选中该功能，再根据下方的提示用鼠标在色谱图上单击要移动的目标峰，然后用鼠标单击选择新的起点（或结束点）即可，如图 2-87 所示。

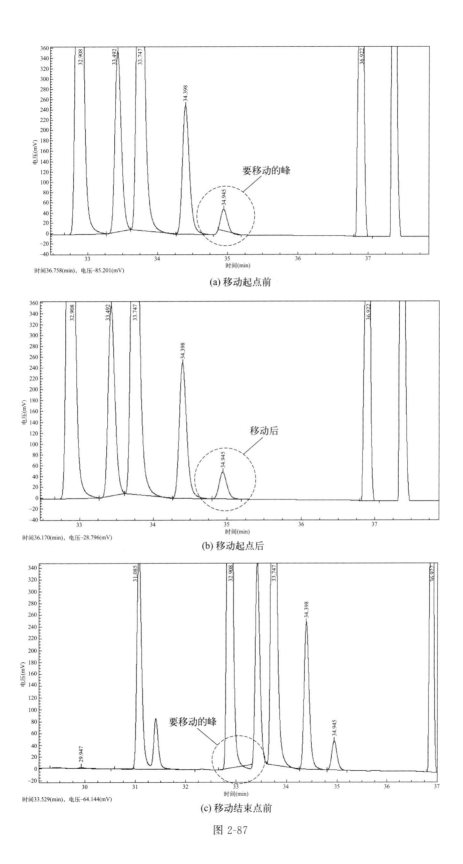

图 2-87

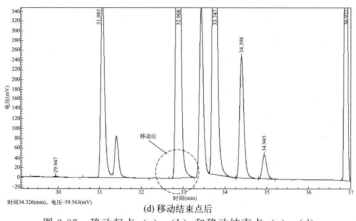

图 2-87 移动起点（a）、(b) 和移动结束点（c）、(d)

（4）增加分割线 /删除分割线   用鼠标按下增加分割线按钮或在菜单上选中该功能，然后用鼠标在色谱图上单击选择所要添加分割线的位置，工作站即自动在所选的位置强制添加一条分割线（见图 2-88）。如果想删除分割线，则用鼠标按下删除分割线按钮或在菜单上选中该功能，然后用鼠标在色谱图上单击选择所要删除分割线的起点与终点位置。

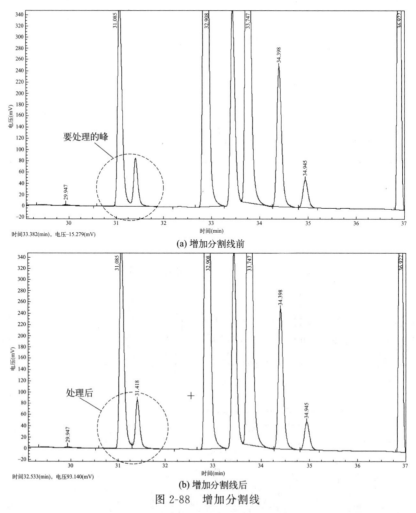

图 2-88 增加分割线

(5) 添加峰 /删除峰　　用鼠标按下添加峰按钮或在菜单上选中该功能，然后用鼠标分别在色谱图上单击选择所要添加色谱峰的起点与结束点（见图2-89）。

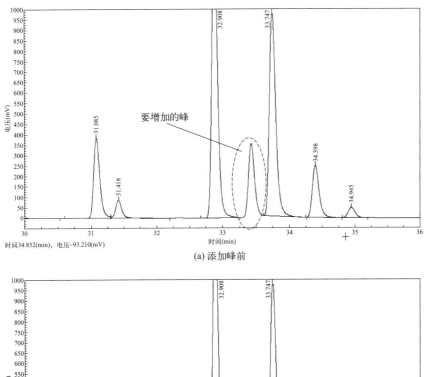

图2-89　添加峰

(6) 前向水平基线 /后向水平基线　　用鼠标按下前向水平基线（或后向水平基线）按钮或在菜单上选中该功能，然后用鼠标分别在色谱图上单击选择所需改变色谱峰水平基线的起点与结束点，工作站即自动在所选两点处连接成一条水平线。

(7) 添加负峰 /删除负峰　　用鼠标按下添加负峰（或删除负峰）按钮或在菜单上选中该功能，然后用鼠标分别在色谱图上单击选择所需添加负峰（或删除负峰）的起点及终点，工作站即自动在两个点之间添加负峰（或删除负峰），并强制按这条线计算出该色谱峰的面积（见图2-90）。

4. 手动积分事件表

所谓手动积分事件表就是色谱工作站自动将所做的每一步手动积分操作都记录在一个表

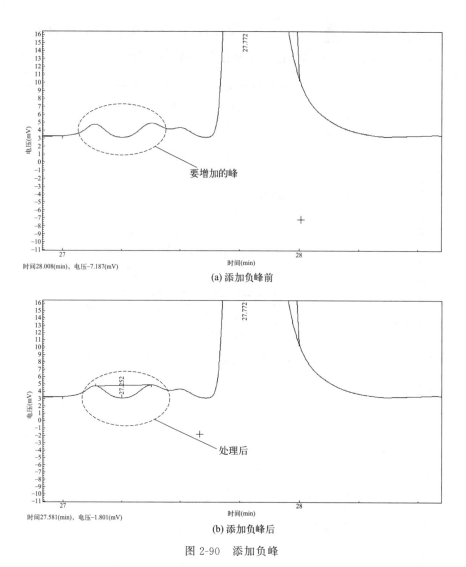

图 2-90 添加负峰

格中,这就是手动积分事件表,如图 2-91 所示。通过手动积分事件表,可以清楚地看到每一次手动积分的积分内容,时间点 1 和时间点 2,也可以先选择其中一个手动积分事件并通过点击删除按钮将该事件删除,或者通过点击清除按钮将所有的手动积分事件全部清除。

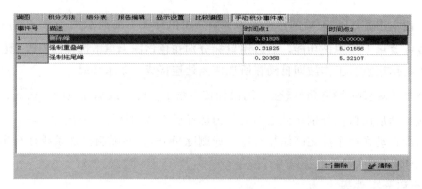

图 2-91 手动积分事件表

5. 模拟显示

对于积分完成后的报告，还可以采用不同的比例显示。如图 2-92 所示，第一个按钮提供了显示整页、等页宽、90%、100%、200%等以满足各种不同的需要，旁边的两个按钮分别为上一页和下一页。

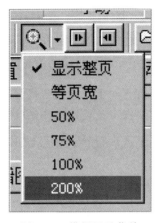

图 2-92　模拟显示菜单

6. 单峰信息显示

如果要单个显示某个峰的相关信息：峰面积、峰高、含量、保留时间等，先用鼠标单击要显示的峰，再点击工具栏中 ![峰信息] 按钮（见图 2-93），系统将跳出其相关信息，如图 2-94 所示。

图 2-93　工具栏

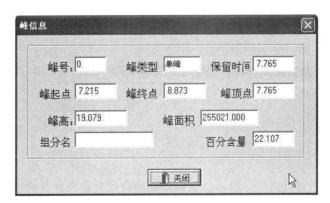

图 2-94　单峰信息

7. 工具栏

工具栏各功能如下所述。

（1）打开和保存 [图标] 打开已经保存在计算机里的谱图和保存修改完毕的谱图，保存格式为 *.mdy。需要注意的一点是：离线工作站和在线工作站的"打开和保存"不一样，在线主要是打开或保存"方法文件"，其后缀是"mtd"（在线工作站的"保存"仅对方法文件的修改进行保存，不重新设置保存路径，所以最好不使用）。

（2）离线工作站的方法文件的编辑　采用 [图标] 中的"加载和输出"。在此，"加载"就是打开已经保存的方法文件，等同于在线的"打开"；"输出"就是另存刚编辑好的方法文件，等同于在线的"另存"。"缺省"是使用工作站软件编辑时候的默认方法，通常在离线工作站由于输入了非法字符或者参数设置错误而导致出错的时候，单击 [图标] 可以避免出现死机这种现象。

（3）工具栏中的 [图标] 是在处理色谱峰时经常要用到的，自动是采用一个新的方法之后让其进行自动积分；点击 [图标] 之后就可以对谱图进行手动处理（并伴随着对手动积分事件的自动记录），比如进行手动画基线、添加峰、删除峰等等。如果要取消自动记录手动积分事件，单击 [图标]；而如果要清除手动积分事件，则进入手动积分事件表里进行清除。

（4）打印和预览 [图标] 在处理完谱图之后，单击"预览"就可以看分析结果表；如果想打印报告直接单击"打印"就可以。

（5）日历和峰信息 [图标] "日历"即查看当前日期（即计算机的系统日期）；"峰信息"是查看某个已选定峰的相关信息，具体使用：单击谱图里的单个峰，然后单击"峰信息"，就可以看到相关的参数。

进度检查

操作题

1. 校正归一法（单点多次校正）的基本操作流程是怎样的？
2. 面积外标法（两点二次校正）的基本操作流程是怎样的？

评分标准

热导检测器开机和停机操作技能考试内容及评分标准

一、考试内容

热导检测器开机和停机操作

二、评分标准

1. 气路和信号线的连接与安装（20分）

连接载气（氢气）外气路并检漏；色谱柱的安装；色谱工作站的电源线和仪表信号线的连接。（未连接或每错一处扣5分）

2. 通载气（10分）

减压阀的正确使用和载气流量的准确调节。（每错一处扣5分）

3. 通电源，设置控温参数（20分）

正确设置控温参数。（每错一处扣5分）

4. 加桥路电流（15分）

正确设置TCD工作电流。（每错一处扣5分）

5. 基线调零（10分）

正确调节零位。（每错一处扣5分）

6. 进样分析（15分）

进样操作规范、准确。（每错一处扣5分）

7. 停机操作（10分）

正确进行停机操作。（每错一处扣5分）

模块 3　气相色谱进样操作

编号 FJC-90-01

学习单元 3-1　气体进样器和液体进样器

职业领域： 化工、石油、环保、医药、冶金、建材、轻工。
工作范围： 分析。
学习目标： 掌握微量注射器和六通阀的结构及用途。
所需仪器、药品和设备

序号	名称及说明	数量
1	0.1μL、1.0μL、5.0μL、10μL、50μL 微量注射器	各1
2	六通阀	1个
3	气相色谱分析仪	1台

　　气相色谱的进样器分为液体进样器和气体进样器。液体进样器一般采用不同规格的微量注射器，填充柱色谱常用 10μL，毛细管色谱常用 1μL；新型仪器配备全自动液体进样器，自动完成清洗、润洗、取样、进样、换样等过程。气体进样器常为六通阀进样，有拉杆式和平面式两种，常用平面式。

一、微量注射器的使用

　　微量注射器是很精密的部件，易碎，使用时应多加小心，否则会损坏其准确度；不用时洗净放入盒里，不要随便玩、来回空抽，以免破坏其气密性，其结构如图 3-1 所示。

　　微量注射器使用前要用丙酮等有机溶剂洗净，以免沾污样品；使用后也要立即清洗，以免样品中的高沸点物质沾污注射器。一般常用下述溶液依次清洗：5% NaOH 水溶液、蒸馏水、丙酮、氯仿，最后用真空泵抽干。

图 3-1　微量注射器

　　使用操作时要注意几点：

　　① 注射器要随时保持清洁，轻拿轻放。

　　② 每次取样前先抽少许试样至注射器中再排出，反复几次，将注射器洗净。

　　③ 取样时要多抽些试样于注射器内，并将针头朝上使空气泡上升排出，再将过量样品排出，保留需要的样品量。

　　④ 注射器内气泡对于精确计算进样量有很大影响，在定量分析中必须排出。

⑤ 取好样后，用镜头纸擦针头外所沾样品，注意勿使针头内样品流失。
⑥ 以迅速稳当的动作将注射器针头插入进样口橡皮垫，迅速进样后立即拔出（图 3-2）。

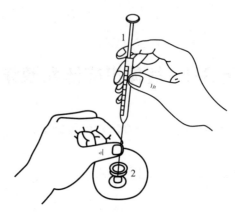

图 3-2　微量注射器进样姿势
1—微量注射器；2—进样口

二、六通阀的使用

常用六通阀有平面式和拉杆式两种。

(1) 平面式六通阀　由阀座和阀盖两部分组成（图 3-3），阀座上有六个孔，阀盖上有三个通道。在固定位置上阀盖内的通道将阀座上的孔两个两个地全部连通，这些孔和阀座上的接头相通，外接管路后，转动阀盖，就可切换气路（图 3-3）。当阀盖在位置Ⅰ时，气样进入定量管，即为取样位置；当阀盖转动60°，到达位置Ⅱ时，载气就将定量管中的样品带入色谱柱，即为进样位置。定量管可根据需要选用0.5mL、1mL、3mL、5mL几种。

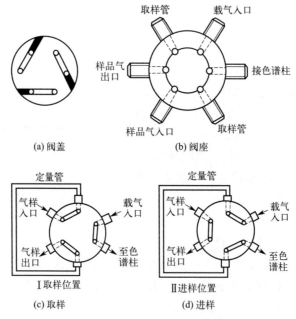

图 3-3　平面式六通阀的结构、取样和进样位置

（2）拉杆式六通阀 由阀体和阀杆两部分组成（图 3-4），阀体为有六个孔的圆柱筒，阀杆是一根金属棒，上面有间隔不同的半圆槽，并有相应的耐油橡胶密封圈与阀体密封。阀杆在推进时完成取样操作，拉出 6mm 时完成进样操作。

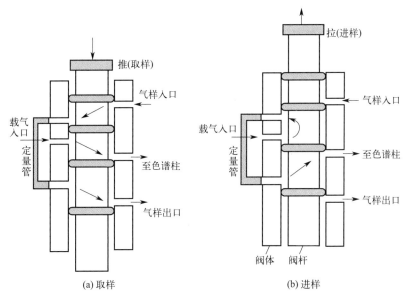

图 3-4 拉杆式六通阀的取样、进样位置

进度检查

一、填空题

1. 气相色谱分析要求要把被测样品快速加到色谱柱上，进样的工具一般情况选用_____和_____。
2. 微量注射器使用前要用_____等有机溶剂洗净，以免沾污样品；使用后也要立即清洗，以免样品中的高沸点物质沾污注射器。一般常用下述溶液依次清洗：_____、_____、_____、_____，最后用真空泵抽干。
3. 平面式六通阀由_____和_____两部分组成。
4. 拉杆式六通阀由_____和_____两部分组成。

二、简答题

1. 微量注射器的正确操作是怎样的？
2. 常用的六通阀有哪两种？

三、操作题

1. 练习微量注射器的操作。
2. 练习六通阀的操作。

编号 FJC-90-02

学习单元 3-2　气相色谱进样操作

职业领域：化工、石油、环保、医药、冶金、建材、轻工。
工作范围：分析。
学习目标：熟悉填充柱色谱仪进样系统结构，掌握用微量注射器和六通阀进样操作技术。

所需仪器、药品和设备

序号	名称及说明	数量
1	气相色谱仪	1 台
2	1μL 和 5μL 微量注射器	各 1
3	六通阀，10mL 定量管	各 1
4	甲乙酮（色谱纯或分析纯）	10mL
5	环己烷（色谱纯或分析纯）	10mL
6	苯（色谱纯或分析纯）	10mL
7	气体采样装置（采样球）	1 套

一、色谱条件

① 柱子：2m×φ4mm 不锈钢柱；
② 载体：硅烷化白色载体（60～80目）；
③ 固定液：邻苯二甲酸二壬酯（DNP）；
④ 固定相配比：DNP：载体＝20：100；
⑤ 柱温：$T_C=100℃$；
⑥ 检测器温度：$T_i=90℃$；
⑦ 汽化室温度：$T_D=130℃$；
⑧ 载气：N_2、H_2、O_2。

二、液体样品进样

① 按给定条件开机，使其正常运行。
② 用 1μL 注射器分别取 0.2～0.5μL 三种纯物质，多次进样，观察任一物质在相同进样量情况下色谱峰重现性。具体操作如下：

a. 用 1μL 微量注射器吸取苯 1μL，再排尽于滤纸上，反复数次；
b. 用 1μL 微量注射器吸取苯 0.4μL，把注射器针尖朝上，缓慢赶走针管中的气泡，眼睛对直管中液面并将其调整到 0.2μL；

c. 用镜头纸擦针头外所沾苯，然后用右手拿针管，左手拿着针尖，迅速插入汽化室橡皮垫片；

d. 立即把针心推到底；

e. 快速抽出注射器。

③ 将三种物质按一定的比例混合，用 5μL 注射器吸取混合样品 2μL 进样，反复多次进样，观察色谱峰的重现性。

三、固体样品进样

固体样品一般是先用溶剂溶解，然后用微量注射器吸取溶液进样。常用的溶剂有苯、甲苯、二硫化碳、己烷、乙醚、四氢呋喃等。此外，固体样品也有用固体进样器直接进样，如高分子化合物样品用裂解器裂解后进样。

四、气体样品进样

气体样品进样分医用注射器取样后直接进样和六通阀进样。医用注射器进样操作同微量注射器进样操作类似，其特点是方法操作简便，但进样结果重复性较差，一般相对误差为 2%。

六通阀进样操作如下：

① 用气体采样球采集生产丙酮车间空气；

② 按上面给定条件开启仪器，并调整稳定；

③ 将采样球入气口套在六通阀气样入口，并把样品气通入定量管内；

④ 将六通阀的阀盖转动 60℃，样品被载气带入色谱柱进行分析；

⑤ 重复进样，观察色谱峰重现性。

五、进样操作时注意事项

① 进样时要求操作稳当、连贯、迅速，进针位置及速度、针尖停留和拔出速度都会影响进样重现性，一般进样相对误差为 2%～5%。

② 要经常注意更换进样器上硅橡胶密封垫片，该垫片经 10～20 次穿刺进样后，气密性降低，容易漏气。

进度检查

一、填空题

气体样品进样分_____和_____进样。前者操作同微量注射器进样操作类似，其特点是_____，但进样结果重复性较差，一般相对误差为 2%。

二、简答题

如何操作进样才能达到较好的重现性？

三、操作题

1. 练习液体样品进样。

2. 练习固体样品进样。

评分标准

气相色谱进样操作技能考试内容及评分标准

一、考试内容

进样操作：用 $1\mu L$ 注射器分别取 $0.2\sim0.5\mu L$ 三种纯物质，每种进样三次，观察任一物质在相同进样量情况下色谱峰重现性。

二、评分标准

1. 进样操作（50分）

进样操作规范、正确。（每错一处扣5分）

2. 色谱峰高的重现性（50分）

平行进三针液体样品，考查其色谱峰高的重现性。（重现性不好，每错一处扣5分）

模块 4　气相色谱热导检测器灵敏度的测定

学习单元 4-1　气相色谱检测器性能基本知识

编号 FJC-91-01

职业领域： 化工、石油、环保、医药、冶金、建材、轻工。
工作范围： 分析。
学习目标： 熟悉检测器性能指标。

气相色谱检测器是把色谱柱后流出物质的信号转换成电信号的一种装置，若给这种装置配上适当的记录仪，以记录该电信号随时间的变化，就可得到色谱流出曲线。色谱流出曲线是色谱定性、定量的依据，所以检测器为色谱分离法实现了定性、定量，起着指示和控制整个色谱分离过程的作用。

根据检测原理的不同，可将检测器分为浓度型检测器和质量型检测器两种。浓度型检测器是测量载气中某组分浓度瞬间的变化，即检测器的响应值和组分浓度成正比，常用的有热导检测器和电子捕获检测器。质量型检测器是测量载气中某组分进入检测器的速度变化，即检测器的响应值和单位时间内进入检测器某组分的量成正比，常用的有氢火焰离子化检测器和火焰光度检测器等。

优良的检测器应具有以下重要性能指标：灵敏度高、检出限低、死体积小、响应快、线性范围宽、稳定性好。下面主要介绍灵敏度、检测限和线性范围等性能指标。

一、灵敏度（S）

灵敏度是指通过检测器的物质量变化 ΔQ 时响应信号的变化率。

$$S = \frac{\Delta R}{\Delta Q} \tag{4-1}$$

式中　ΔR——响应信号的变化量；
　　　ΔQ——被测物质量的变化。

1. 对于浓度型检测器（热导检测器）

灵敏度的计算公式

$$S_c = \frac{kAc_1 F_c}{mc_2} \tag{4-2}$$

式中　A——峰面积，cm^2；
　　　c_1——记录仪灵敏度，mV/cm；
　　　c_2——记录仪走纸速度，cm/min；

F_c——载气流速，mL/min；

m——样品质量，mg；

k——衰减指数。

对液体样品，m 以 mg 为单位，则其灵敏度 S 的单位为 (mV·mL)/mg；对气体样品，m 用体积 V (mL) 代替，则其灵敏度 S 的单位为 (mV·mL)/mL。

2. 对于质量型检测器（氢火焰离子化检测器）

灵敏度计算公式：

$$S_t = \frac{c_1 A}{m c_2} \tag{4-3}$$

灵敏度 S_t 的单位为 (mV·s)/g。

二、检测限（D）

随单位体积的载气或在单位时间内进入检测器的组分所产生的信号等于基线噪声两倍时的量。

$$D = \frac{2N}{S} \tag{4-4}$$

式中　N——噪声，mV；

　　　S——灵敏度，浓度型：(mV·mL)/mg 或 (mV·mL)/mL；质量型：(mV·s)/g；

　　　D——检测限，mg/mL 或 g/s。

从检测限 D 计算公式可知，要降低仪器的检测限，必须在提高仪器灵敏度的同时，最大限度地抑制噪声。

三、线性范围

线性范围是指检测器信号与被测物质的量呈线性关系的范围，用样品浓度上、下限的比值表示，线性范围越大，越有利于进行准确定量分析。

进度检查

一、填空题

1. 根据检测原理的不同，可将检测器分为_____和_____两种。

2. 评价检测器质量的好坏，可用三项重要性能指标表示，为_____、_____和_____。

二、计算题

1. 色谱柱长 2m，固定相为 15% 邻苯二甲酸二壬酯（DNP）+6201 载体，以 H_2 为载气，流速 58mL/min，桥电流 180mA，柱温 80℃。进 0.2μL 纯苯，测得其峰高为 39.3624mV，在气相中的浓度为 0.00300mg/mL，求热导检测器的灵敏度。

2. 实验条件　柱温：80℃；汽化室与氢焰检测室温度：120℃；载气：N_2，30~40mL/

min；$H_2:N_2=1:1$；$H_2:$空气$=1/5\sim1/10$；样品：0.050%（体积分数）苯的二硫化碳溶液（浓度需准确配制）；进样量：$0.50\mu L$，进样三次。已知苯的密度为$0.88mg/\mu L$，测得：噪声$2N=0.020mV$，峰面积积分值为$417.24mV\cdot s$。求检测器的灵敏度S及检测限D。

编号 FJC-91-02

学习单元 4-2 气相色谱热导检测器灵敏度的测定

职业领域：化工、石油、环保、医药、冶金、建材、轻工。
工作范围：分析。
学习目标：掌握气相色谱热导检测器灵敏度的测定方法。
所需仪器、药品和设备

序号	名称及说明	数量
1	GC102AT 气相色谱仪	1台
2	苯（AR）	适量
3	装高纯 H_2、N_2、O_2 的高压钢瓶	各1瓶
4	2m×3mm 的 DNP/6201（15%～20%）色谱柱	1根
5	1μL 微量注射器	1支

一、实验条件

柱温：(80±5)℃；

检测器温度：(80±5)℃［具有独立检测室的仪器，检测室温度可高于柱温，可选 (90±5)℃］；

进样器温度：120℃；

载气：H_2；

色谱柱：DNP/6201（15%～20%），2m；

载气流速及桥流：按各厂技术规定，用 H_2 为载气，流速 40mL/min，用 N_2 为载气，桥流为 120～130mA，流速 20～30mL/min；

样品：苯（AR）0.5μL 进样三次。

二、有关符号的说明

有关符号的说明见表 4-1。

表 4-1 有关符号说明

符号	名称	单位	说明
bp	沸点	℃	苯 79.6～80.6℃，甲苯 110℃
$d_{20/4}$	比重	mg/μL	苯 0.88
V	进样体积	μL	苯 0.5μL
m	进样量	mg	$m = Vd = 0.5 × 0.88$
c_1	记录器灵敏度	mV/cm	5mV/25cm=0.2，10mV/25cm=0.4
c_2	纸速	cm/min	纸速=60cm/h，c_2=1cm/min

续表

符号	名称	单位	说明
F_c	转子流量计读数	mL/min	$F_c(H_2)=F_c(N_2)\times 2$
p	柱前压力表读数	kg/cm²	
c_3	柱出口载气流速	mL/min	$c_3 \approx F_c(1+p)$
h	峰高	cm	用米尺测量
$W_{1/2}$	半峰宽度	cm	用读数显微镜测量
A	峰面积	cm²	对称峰 $A=1.065hW_{1/2}/k$
k	仪器衰减指数	不名数	测灵敏度时 $k=1/1$ 为好
S	热导检测器灵敏度	(mV·mL)/mg	$S_c=kAc_1F_c/(mc_2)$
N	仪器噪声	mV	$N=0.01$
D	检测限	mg/mL	$D=2N/S$

三、实验步骤

① 将配好的色谱柱安装到色谱仪中，检查气密性后通气开机。

② 待仪器自检完成后，按上述实验条件设置参数，按"起始/停止"键加热升温，等半小时左右，待基线平直后进样。

③ 用 1μL 微量注射器吸取 0.5μL 苯进样分析，可得到苯的色谱图。

④ 测量色谱峰的峰高及半峰宽。

四、记录与数据处理

根据测得的数据计算热导检测器的灵敏度。

进度检查

简答题

1. 为什么用两倍噪声的信号作为检测限的标准？
2. 用检测限 D 衡量仪器的灵敏度比用灵敏度 S 好，为什么？

评分标准

气相色谱热导检测器灵敏度的测定技能考试内容及评分标准

一、考试内容

气相色谱热导检测器灵敏度的测定

1. 操作步骤

（1）将配好的色谱柱安装到色谱仪中，检查气密性后通气开机。

（2）按实验条件设置参数，按"起始/停止"键加热升温，等半小时左右，待基线平直后进样。

（3）用 1μL 微量注射器吸取 0.5μL 苯进样分析，可得到苯的色谱图。

（4）测量色谱峰的峰高及半峰宽。

2. 数据处理

二、评分标准

1. 操作步骤（70分）

（1）检查气密性。（15分）

每错一处扣5分。

（2）设置参数，加热升温。（20分）

每错一处扣5分。

（3）进样分析。（20分）

每错一处扣5分。

（4）测量色谱峰的峰高及半峰宽。（15分）

每错一处扣5分。

2. 数据处理（30分）

每错一处扣5分。

模块 5　气相色谱氢火焰离子化检测器灵敏度的测定

编号 FJC-92-01

职业领域：化工、石油、环保、医药、冶金、建材、轻工。
工作范围：分析。
学习目标：掌握氢火焰离子化检测器灵敏度的测定方法。
所需仪器、药品和设备

序号	名称及说明	数量
1	GC102AF 气相色谱仪	1 台
2	苯（AR）	适量
3	装高纯 H_2、N_2、O_2 的高压钢瓶	各 1 瓶
4	2m×3mm 的 DNP/6201(15%～20%)色谱柱	1 根
5	1μL 微量注射器	1 支

一、实验条件

柱温：(100 ± 5)℃；

检测器温度：120℃；

进样器温度：120℃；

载气：N_2，30～40mL/min；

燃气：H_2，$H_2/N_2=1/1$；

助燃气：空气，$H_2/$空气$=1/5\sim1/10$；

色谱柱：DNP/6201（15%～20%），2m；

样品：0.05%苯的二硫化碳溶液；

进样量：0.5μL 进样三次。

二、实验步骤

① 将配好的色谱柱安装到色谱仪中，检查气密性后通氮气（约 0.5kPa），打开电源开关。

② 按前述实验条件设置参数，按"起始/停止"键加热升温，待温度基本达到设定值后，开启空气（约 0.5kPa）和氢气（约 0.2kPa），按"点火"键点火，待基线平直后进样。

③ 用 1μL 微量注射器吸取 0.05%苯 0.5μL 进样分析，可得到苯的色谱图。

④ 测量色谱峰的峰高及半峰宽。

三、记录与数据处理

根据测得的数据计算检测器的灵敏度。

进度检查

操作题

练习气相色谱氢火焰离子化检测器灵敏度的测定操作。

评分标准

气相色谱氢火焰离子化检测器灵敏度的测定技能考试内容及评分标准

一、考试内容

气相色谱氢火焰离子化检测器灵敏度的测定

1. 操作步骤

（1）将配好的色谱柱安装到色谱仪中，检查气密性后通氮气（约 0.5kPa），打开电源开关。

（2）按实验条件设置参数，按"起始/停止"键加热升温，待温度基本达到设定值后，开启空气（约 0.5kPa）和氢气（约 0.2kPa），按"点火"键点火，待基线平直后进样。

（3）用 1μL 微量注射器吸取 0.05％苯 0.5μL 进样分析，可得到苯的色谱图。

（4）测量色谱峰的峰高及半峰宽。

2. 结果处理

二、评分标准

1. 操作步骤（70 分）

（1）检查气密性。（15 分）

每错一处扣 5 分。

（2）设置参数，加热升温。（20 分）

每错一处扣 5 分。

（3）进样分析。（20 分）

每错一处扣 5 分。

（4）测量色谱峰的峰高及半峰宽。（15 分）

每错一处扣 5 分。

2. 结果处理（30 分）

每错一处扣 5 分。

模块 6 气相色谱的定性分析

编号 FJC-93-01

学习单元 6-1 色谱定性分析知识

职业领域：化工、石油、环保、医药、冶金、建材、轻工。
工作范围：分析。
学习目标：熟悉色谱定性分析方法。

色谱定性分析就是鉴定样品中各组分所属化合物。色谱法通常只能鉴定已知的未知物，对未知的混合物单纯用气相色谱法定性则很困难，常需与化学分析或其他仪器分析方法配合。

一、利用纯物质对照进行定性分析

在一定的色谱分析操作条件下，任何一种物质有一确定的保留值（t_R 或 V_R），一般情况不受其他组分的影响，表现为每一组分的特征值。因此将已知纯物质在相同色谱条件下的保留时间与未知物的保留时间进行比较，就可定性鉴定未知物。若二者相同，则未知物可能是已知纯物质；若不同，则未知物不是该纯物质。

二、加入已知物增加峰高的定性方法

当试样组分比较复杂，峰间距离太近，或操作条件不易控制稳定，很难准确地测定其保留值时，可采用加入已知物增加峰高的方法进行定性分析。其步骤是：首先用被测试样作色谱图，然后将已知纯物质加到试样中去，在相同的条件下作色谱图；对比这两个色谱图，若后一色谱图中某一色谱峰相对增高，则该色谱峰的组分原则上与加入的已知纯物质是同一种化合物。

三、利用文献相对保留值的定性方法

目前文献报道的保留数据，主要是相对保留值和保留指数。保留指数是规定正构烷烃的保留指数为其碳数乘100，如正己烷和正辛烷的保留指数分别为 600 和 800，其他物质的保留指数 I_x 用两个和它相邻的正构烷烃为参比物进行测定。测定时将碳数为 n 和 $n+1$ 的正构烷烃加入物质 X 的样品中进行分析，若测得调整保留时间分别为 $t'_{R(n)}$、$t'_{R(n+1)}$ 和 $t'_{R(x)}$，且 $t'_{R(n)} < t'_{R(x)} < t'_{R(n+1)}$ 时，则物质 X 的保留指数 I_x 按式(6-1)计算。

$$I_x = 100 \left[n + \frac{\lg t'_{R(x)} - \lg t'_{R(n)}}{\lg t'_{R(n+1)} - \lg t'_{R(n)}} \right] \qquad (6-1)$$

将计算所得 I_x 值与文献值对照，即实现对未知物的定性分析。

保留指数仅仅与柱温、固定液性质有关，与色谱条件无关。而且保留指数测得的值重现性较好，可达到精度为±0.03个指数单位。

【例6-1】 在一定色谱分析操作条件下，已知乙酸正丁酯在阿皮松L色谱柱上的保留时间（图6-1），求乙酸正丁酯的保留指数？

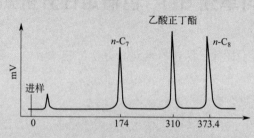

图 6-1 保留指数测定示意图

解 已知调整保留时间分别为：

正庚烷 $(n-C_7)\ t'_{R(7)}=1.74\text{min}$

乙酸正丁酯 $t'_R=3.10\text{min}$

正辛烷 $(n-C_8)\ t'_{R(8)}=3.74\text{min}$

$n=7$，代入式(6-1) 得：

$$I=100\left[n+\frac{\lg t'_R-\lg t'_{R(7)}}{\lg t'_{R(8)}-\lg t'_{R(7)}}\right]$$

$$=100\left(7+\frac{\lg 3.10-\lg 1.74}{\lg 3.74-\lg 1.74}\right)$$

$$=775.47$$

文献值为：

$$I=100\times\left[n+\frac{\lg t'_{R(6)}-\lg t'_{R(7)}}{\lg t'_{R(8)}-\lg t'_{R(7)}}\right]$$

$$=100\left(\frac{2.4914-2.2406}{2.5722-2.2406}+7\right)=775.63$$

气相色谱的定性分析

进度检查

一、填空题

1. 在色谱法中，定性分析主要依据是每个组分的_____。
2. 在色谱分析中，常用的定性法包括_____、_____和_____。
3. 目前文献报道的保留数据，主要是_____和_____。

二、简答题

如何用气相色谱法定性？有几种定性参数？最佳定性参数是什么？为什么？

编号 FJC-93-02

学习单元 6-2　气相色谱参数的测定及计算

职业领域：化工、石油、环保、医药、冶金、建材、轻工。
工作范围：分析。
学习目标：掌握组分保留时间、峰宽、半峰宽和峰高的测定及计算方法。
所需仪器、药品和设备

序号	名称及说明	数量
1	GC102AT 气相色谱仪	1台
2	电子分析天平	1台
3	1μL 微量注射器	1支
4	250mL 烧杯、玻璃棒、漏斗	各1个
5	乙醚（500mL 分析纯）	1瓶
6	苯（500mL 分析纯）	1瓶
7	甲苯（500mL 分析纯）	1瓶
8	乙苯（500mL 分析纯）	1瓶

一、色谱条件

根据所用色谱仪及色谱柱条件不同应作相应调整。

① 检测器：热导检测器，桥电流为 150mA；

② 色谱柱：2m×3mm 不锈钢柱；

固定相：邻苯二甲酸二壬酯（DNP）为固定液，60～80 目 101 白色担体；

③ 载气：氢气（纯度不低于 99.99%），流速 40mL/min；

④ 柱温：100℃；

⑤ 检测器温度：100℃；

⑥ 进样器温度：150℃。

二、操作步骤

① 按照气相色谱用热导检测器开机操作调节各部分参数，待仪器稳定；

② 按照 N2000 色谱工作站的使用方法开启电脑并调节分析检测状态；

③ 用 1μL 微量注射器吸取苯、甲苯和乙苯混合溶液 1μL，准确调至 0.8μL 并注入进样器，进样分析可得到色谱图；

④ 关机；

⑤ 记录数据（见表 6-1）。

表 6-1　实验数据记录表

序号	死时间(t_M)/s	保留时间(t_R)/s		
		苯	甲苯	乙苯
1				
2				
3				
平均值				

三、数据处理

① 直接打印出结果。

② 根据色谱峰用直尺量出峰高、峰宽和半峰宽，并把所得数据填入表 6-2。

表 6-2　峰高、峰宽和半峰宽数据

参数		进样次数			平均值
		1	2	3	
峰高/cm	苯				
	甲苯				
	乙苯				
峰宽/cm	苯				
	甲苯				
	乙苯				
半峰宽/cm	苯				
	甲苯				
	乙苯				

③ 计算苯、甲苯和乙苯的调整保留时间。

进度检查

操作题

气相色谱参数的测定及计算。

检查：①实验前的准备操作是否正确；②开机操作是否正确；③数据的采集操作是否正确；④数据分析是否正确；⑤关机操作是否正确。

编号 FJC-93-03

学习单元 6-3　气相色谱保留值定性分析

职业领域：化工、石油、环保、医药、冶金、建材、轻工。
工作范围：分析。
学习目标：掌握用保留值定性的方法，了解影响定性分析准确度的因素。

所需仪器、药品和设备

序号	名称及说明	数量
1	GC102AT 气相色谱分析仪	1台
2	微量注射器（1μL）	1支
3	80～100目分样筛	1个
4	真空泵	1台
5	250mL烧杯、玻璃棒、漏斗	各1个
6	邻苯二甲酸二壬酯（色谱纯）	1瓶
7	乙醚（500mL 分析纯）	1瓶
8	苯（500mL 分析纯）	1瓶
9	甲苯（500mL 分析纯）	1瓶
10	乙苯（500mL 分析纯）	1瓶
11	6201 红色载体（100g）	1瓶

一、色谱柱的制备

以质量分数为 15% 计算称取邻苯二甲酸二壬酯足量，用乙醚溶解，均匀涂渍在已过筛的 80～100 目 6201 红色载体上，挥发溶剂至干，装柱，老化待用。

二、色谱条件

① 色谱柱：2m×3mm 不锈钢柱；
固定相：邻苯二甲酸二壬酯（DNP）固定液，80～100 目 6201 红色载体；
② 检测器：热导检测器，桥电流为 150mA；
③ 载气：氢气（纯度不低于 99.99%），流速 40mL/min；
④ 柱温：100℃；
⑤ TCD 温度：100℃；
⑥ 进样器温度：150℃。

三、操作步骤

① 通载气 H_2：检查气密性后，调节载气流速为 40mL/min。

② 通电升温：打开电源开关，待仪器自检完后，按上述参数条件设置参数，按"起始/停止"键加热升温，开启电脑和 N2000 色谱工作站。等 0.5～1h，待基线稳定平直后进样。

③ 用 1μL 微量注射器吸取苯系物混合样品溶液 1μL，准确调到 0.8μL 并注入进样器分析，准确记录保留时间（表 6-3），重复进样 2 次。

表 6-3 样品保留时间记录表

序号	保留时间(t_R)/s		
	峰 1	峰 2	峰 3
1			
2			
3			
平均值			

④ 用 1μL 微量注射器分别注入苯、甲苯和乙苯的标准样，准确测定保留时间，重复进样 2 次，结果记录于表 6-4 中。

表 6-4 苯、甲苯和乙苯标准样保留时间记录表

序号	保留时间(t_R)/s		
	苯	甲苯	乙苯
1			
2			
3			
平均值			

⑤ 关闭 N2000 色谱工作站和电脑，将桥电流设定为 0mV。

⑥ 按"起始/停止"键停止加热，开门降温。

⑦ 待柱温降至近室温时，关主机电源，取下电源插头，再关闭载气。

四、数据处理

对照标准物与苯系物混合样中组分的保留值，对苯系物样品定性。

进度检查

操作题

对于苯系物混合样品保留值的定性分析。

检查：①实验前的准备操作是否正确；②开机操作是否正确；③数据的采集操作是否正确；④数据分析是否正确；⑤关机操作是否正确。

评分标准

气相色谱的定性分析测定技能考试内容及评分标准

一、考试内容

气相色谱参数的测定及计算：

1. 按照气相色谱使用热导检测器开机操作调节各部分参数，待仪器稳定；
2. 按照 N2000 色谱工作站的使用方法开启电脑并调节分析检测状态；
3. 用 1μL 微量注射器吸取苯、甲苯和乙苯混合溶液 1μL，准确调至 0.8μL 并注入进样器分析；
4. 关机；
5. 记录数据。

二、评分标准

1. 实验前的准备操作是否正确（20 分）

连接载气（氢气）外气路并检漏；色谱柱的安装；色谱工作站的电源线和仪表的信号线的连接。（未连接或每错一处扣 5 分）

2. 开机操作是否正确（20 分）

减压阀的正确使用和载气流量的准确调节；正确设置控温参数；正确设置 TCD 工作电流。（每错一处扣 5 分）

3. 数据的采集操作是否正确（20 分）

基线调零，正确采集数据。（每错一处扣 5 分）

4. 数据分析操作是否正确（30 分）

正确分析数据。（每错一处扣 5 分）

5. 关机操作是否正确及基线调零（10 分）

正确进行停机操作。（每错一处扣 5 分）

模块 7　气相色谱归一化定量分析

编号 FJC-94-01

学习单元 7-1　色谱定量分析基本知识

职业领域：化工、石油、环保、医药、冶金、建材、轻工。
工作范围：分析。
学习目标：了解色谱定量分析的基本知识以及常见的定量分析方法。

一、定量分析原理

定量分析就是要确定样品中某一组分的含量。气相色谱定量分析与绝大部分仪器定量分析一样，是一种相对定量分析，而不是绝对定量分析。气相色谱是根据仪器检测的响应值与被测组分的量在某些条件限定下成正比的关系来进行定量分析的，也就是说，在色谱分析中，在某些条件限定下，色谱峰的峰高或峰面积与所测组分的量成正比。因此，色谱定量分析的基本公式为：$w_i = f_i A_i$ 或 $c_i = f_i h_i$。

二、定量分析方法

色谱分析中常用的定量方法有归一化法、外标法（标准曲线法）、内标法和标准加入法，按测量参数，上述四种定量方法又可分为峰面积法和峰高法。这些定量方法各有优缺点和使用范围，因此在实际工作中应根据分析的目的、要求以及样品的具体情况选择合适的定量方法。

1. 归一化法

当试样中所有组分均能流出色谱柱，并在检测器上都能产生信号时，可用归一化法计算组分含量。所谓归一化法就是以样品中被测组分经校正过的峰面积，占样品中各组分经校正过的峰面积的总和的比例，来表示样品中各组分含量的定量方法。

归一化法的优点是简便、准确，当操作条件如进样量、流量等变化时，对结果影响小。但若试样中的组分不能全部出峰，则不能应用此法。

2. 外标法

外标法也称为标准曲线法或直接比较法，是一种简便、快速的定量方法。此法的优点是操作简单、计算方便，但结果的准确度主要取决于进样量的重现性和操作条件的稳定性。

与分光光度分析中的标准曲线法相似，首先用待测组分的标准样品绘制标准曲线。具体方法是：用标准样品配制成不同浓度的系列标准溶液，在与待测组分相同的色谱条件下，等体积准确进样分析得到色谱图，测量各峰的峰面积或峰高，用峰面积或峰高对样品浓度绘制标准曲线。此标准曲线应是通过原点的直线，若标准曲线不通过原点，则说明存在系统误差。标准曲线的斜率即为绝对校正因子。

在测定样品中组分含量时要用与绘制标准曲线完全相同的色谱条件作出谱图，测量色谱峰面积或峰高，然后根据峰面积和峰高在标准曲线上直接查出注入色谱柱中样品组分的浓度。

3. 内标法

若试样中所有组分不能全部出峰，或只要求测定试样中某个或某几个组分的含量时，可以采用内标法定量。

内标法的关键是选择合适的内标物，对于内标物的要求如下。

① 内标物应是试样中不存在的纯物质；

② 内标物的性质应与待测组分相近，以使内标物的色谱峰与待测组分色谱峰靠近并与之完全分离；

③ 内标物应与样品完全互溶，但不能发生化学反应；

④ 内标物加入量应接近待测组分含量。

内标法的优点是：进样量的变化、色谱条件的微小变化对定量分析结果的影响不大。特别是在样品前处理（如浓缩、萃取、衍生化等）前加入内标物，然后在进行前处理时，可部分补偿待测组分在样品前处理时的损失。若要获得很高的精密结果，可以加入数种内标物，以提高定量分析的精度。

内标法的缺点是：选择合适的内标物比较困难，内标物的称量准确度要求较高，操作较复杂。使用内标法定量时要测量待测组分和内标物的两个峰面积（或峰高），根据误差叠加原理，内标法定量的误差中，由峰面积测量引起的误差是标准曲线法定量的。

 进度检查

色谱定量分析方法-归一化法

色谱定量分析方法-标准曲线法、内标法

简答题

1. 什么是色谱定量分析？
2. 色谱定量分析有哪些方法？

> 编号 FJC-94-02

学习单元 7-2　峰面积及校正因子的测量

职业领域： 化工、石油、环保、医药、冶金、建材、轻工。
工作范围： 分析。
学习目标： 掌握色谱峰面积的计算方法，熟悉定量校正因子的计算，掌握相对质量校正因子计算公式以及相关的计算。

在一定的色谱分析条件下，流入检测器的待测组分 i 的质量 m_i 与检测器对应的响应信号（色谱图上的峰面积 A_i 或峰高 h_i）成正比：

$$m_i = f_i A_i \tag{7-1}$$

$$m_i = f_{hi} h_i \tag{7-2}$$

式(7-1)、式(7-2)即是色谱定量分析的理论依据。式中，f_i 或 f_{hi} 称为面积校正因子或峰高校正因子。因此，要进行定量分析，必须先测定峰面积或峰高度和其对应的校正因子。

一、峰面积的测量

1. 峰高乘半峰宽法

当色谱峰为对称峰时，将其视为一个等腰三角形，根据等腰三角形面积的计算方法，可得到如式(7-3)的近似计算公式：

$$A_i = 1.065 h_i W_{h/2} \tag{7-3}$$

式中，1.065 为校正系数。

2. 峰高乘平均峰宽法

对于不对称色谱峰使用峰高乘平均峰宽法可得到较准确的结果。所谓平均峰宽是指在峰高 0.15 和 0.85 处分别测峰宽，然后取其平均值：

$$A_i = h_i \times \frac{W_{0.15} + W_{0.85}}{2} \tag{7-4}$$

以上方法属于手工测量法，而目前色谱分析仪多数配有自动积分器，可以准确、自动测量各类峰形的峰面积，并自动打印出各个峰的保留时间和峰面积等数据。

二、定量校正因子

1. 绝对校正因子

由色谱定量分析公式式(7-1)和式(7-2)可知，组分 i 的峰面积和峰高的校正因子为：

$$f_i = \frac{m_i}{A_i} \tag{7-5}$$

$$f_{hi} = \frac{m_i}{h_i} \tag{7-6}$$

式中，f_i 和 f_{hi} 称为绝对校正因子，等于进样量 m_i 除以峰面积（或峰高）。由于绝对校正因子不易准确测量，故在实际工作中一般不采用。

2. 相对校正因子

某组分 i 的相对校正因子 f'_i 为其绝对校正因子 f_i 与标准物的校正因子 f_s 之比。即

$$f'_i = \frac{f_i}{f_s} \tag{7-7}$$

实际使用时常将"相对"二字省去。根据某组分 i 所用计量单位不同，相对校正因子可分为质量校正因子（f'_m）、摩尔校正因子（f'_M）和体积校正因子（f'_V）。

（1）质量校正因子 f'_m

$$f'_m = \frac{f_{i(m)}}{f_{s(m)}} = \frac{A_s m_i}{A_i m_s} \tag{7-8}$$

式中　m_i——组分 i 物质的质量；

　　　A_i——组分 i 物质的峰面积；

　　　m_s——标准物质 s 的质量；

　　　A_s——标准物质 s 的峰面积。

（2）摩尔校正因子 f'_M

$$f'_M = \frac{f_{i(M)}}{f_{s(M)}} = \frac{A_s m_i M_s}{A_i m_s M_i} = f_m \frac{M_s}{M_i} \tag{7-9}$$

式中　M_s——标准物质 s 的摩尔质量；

　　　M_i——组分 i 物质的摩尔质量。

（3）体积校正因子 f'_V

由于物质的量为 1mol 的任何气体在标准态下体积都是 22.4L，所以，以体积计量时，体积校正因子 f'_V 在数值上等于 f'_M。

$$f'_V = \frac{f_{i(V)}}{f_{s(V)}} = \frac{A_s m_i M_s \times 22.4}{A_i m_s M_i \times 22.4} = f'_M \tag{7-10}$$

作准确色谱定量分析时，应该用自己测定的校正因子，只有在要求不高或无纯物质进行测定时，才使用文献上发表的校正因子数值。

三、归一化法

归一化法就是以样品中被测组分经校正过的峰面积占样品中各组分经校正过的峰面积的总和的比例来表示样品中各组分含量的定量方法。归一化法的优点是简便、精确、进样量的多少与测定结果无关、操作条件的变化对定量结果的影响较小。

归一化法定量的主要问题是校正因子的测定比较麻烦，虽然从文献中可以查到一些化合物的校正因子，但要得到准确的校正因子，还是需要用每一组分的基准物质直接测量。如果试样的组分不能全部出峰，则绝对不能采用归一化法定量。

例如，试样中共有 n 个组分，各组分质量分别为 $m_1, m_2, \cdots, m_n$，则 i 组分的质量分数为：

$$w_i = \frac{m_i}{m_1 + m_2 + \cdots + m_n} = \frac{m_i}{\sum\limits_{i=1}^{n} m_i} = \frac{f_i A_i}{\sum\limits_{i=1}^{n} f_i A_i} \tag{7-11}$$

归一化法的优点是方法简便、进样量与载气流速的影响不大，缺点是样品组分必须在色谱图中都能给出各自的峰面积，并且必须知道各组分的校正因子，否则此法不能应用。

【例 7-1】 某厂由甲醇氧化生产甲醛，其氧化产物为甲醛、甲醇和水的混合物，图 7-1 为在 GDX401 固定相上，柱温 100℃，使用热导检测器时得到的色谱图。经测定各组分色谱峰面积和质量相对校正因子如表 7-1 所示。

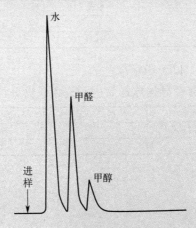

图 7-1 甲醇氧化产物的色谱图

表 7-1 各组分色谱峰面积和质量相对校正因子

组分	甲醇	甲醛	水
A_i/cm^2	0.26	1.20	1.90
f'_m	0.58	0.82	0.55

按归一化法求各组分的质量分数。

解
$$w_{甲醛} = \frac{A_{甲醛} f'_{甲醛}}{A_{甲醛} f'_{甲醛} + A_{甲醇} f'_{甲醇} + A_{水} f'_{水}}$$

$$= \frac{1.20 \times 0.82}{1.20 \times 0.82 + 0.26 \times 0.58 + 1.90 \times 0.55}$$

$$= 0.4514 \text{（或为 45.14\%）}$$

同理可求：$w(甲醇) = \dfrac{0.26 \times 0.58}{2.1798} = 0.0692$（或为 6.92%）

$w_{水} = \dfrac{1.90 \times 0.55}{2.1798} = 0.4794$（或为 47.94%）

进度检查

一、填空题

1. 色谱定量分析的理论依据是 _____ 或 _____ 。
2. 色谱定量校正因子包括 _____ 、_____ 、_____ 校正因子。
3. 色谱定量分析峰面积的测量方法有 _____ 和 _____ 法。

二、简答题

1. 应用归一化法定量应该满足什么条件？
2. 绝对校正因子是什么？相对校正因子是什么？

三、计算题

1. 在测定苯、甲苯、乙苯、邻二甲苯的峰高校正因子时，称取各组分纯物质质量，以及在一定色谱条件下所得色谱图上各种组分色谱峰的峰高如下：

参数	苯	甲苯	乙苯	邻二甲苯
质量/g	0.5967	0.5478	0.6120	0.8880
峰高/mm	180.1	84.4	45.2	49.0

求各组分的峰高校正因子，以苯为标准。

2. 采用气相色谱法对 C_8 芳烃异构体样品进行气相色谱分析时，所得实验数据如下：

参数	乙苯	对二甲苯	间二甲苯	邻二甲苯
A_i/mm^2	120	75	140	105
f_i	0.97	1.00	0.96	0.98

计算各组分的含量。

编号 FJC-94-03

学习单元 7-3 苯同系物的测定

职业领域：化工、石油、环保、医药、冶金、建材、轻工。
工作范围：分析。
学习目标：能够利用色谱峰面积进行相对质量校正因子的计算，掌握用面积归一化法进行苯系物含量的测定方法。

所需仪器、药品和设备

序号	名称及说明	数量
1	GC102AF 气相色谱仪	1 台
2	3m×3mm 有机皂土+DNP 色谱柱	1 根
3	氮气、氢气、氧气(或空气)高压钢瓶	各 1 瓶
4	微量进样器(1μL)	1 支
5	苯(AR)	适量
6	甲苯(AR)	适量
7	乙苯(AR)	适量
8	二硫化碳(AR)	适量
9	乙醚(AR)	适量
10	稳压器	1 台
11	容量瓶 50mL	2 个
12	电子天平	1 台

一、测定原理

测定质量校正因子 f'_m 时，先准确称量被测物质 i 和标准物质 s 的 m_i 和 m_s，混合后在一定的实验条件下进行色谱测定，然后测量到相应的峰面积 A_i 和 A_s，再按式(7-12)计算 f'_m。

$$f'_m = \frac{f_{i(m)}}{f_{s(m)}} = \frac{A_s m_i}{A_i m_s} \tag{7-12}$$

苯、甲苯、乙苯的混合物，用邻苯二甲酸二壬酯作吸附剂时会全部出峰，只需根据其响应信号大小，用面积归一化法即可确定苯系物含量。

$$w_i = \frac{m_i}{m_1 + m_2 + \cdots + m_n} = \frac{m_i}{\sum_{i=1}^{n} m_i} = \frac{f_i A_i}{\sum_{i=1}^{n} f_i A_i} \tag{7-13}$$

二、测定步骤

① 准确称取苯 0.4g（称准至 0.0001g）、甲苯 0.4~0.5g（称准至 0.0001g）、乙苯 0.5g（称准至 0.0001g）于 50mL 容量瓶中，用二硫化碳稀释至刻度，摇匀备用。

② 另任取苯、甲苯、乙苯适量于 50mL 容量瓶中，用二硫化碳稀释至刻度，摇匀作混合物备用。

③ 开启装有 3m×3mm 有机皂土＋DNP 柱的色谱仪，检测器用 FID，柱温 105℃，进样器 140℃，检测器 110℃，灵敏度 10^9，N_2 5.2 圈，H_2 4.56 圈，O_2 4.0 圈。温度和进气正常后，准备灯亮起，点火，确定点火成功后，观察色谱工作站基线平直后，即可进样检测。

④ 吸取上述配好的第一瓶样品 0.1~0.3μL，进样，得到各组分的色谱图（见图 7-2），查到各组分的峰面积，计算相对质量校正因子。

⑤ 另取一未知含量的苯系物混合物样品进样，根据峰面积和相对质量校正因子计算未知物中苯、甲苯、乙苯含量。

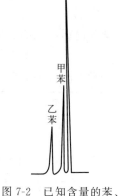

图 7-2 已知含量的苯、甲苯、乙苯混合物的色谱图

$$f'_m = \frac{f_{i(m)}}{f_{s(m)}} = \frac{A_s m_i}{A_i m_s}$$

$$w(苯) = \frac{A_{苯} f'_{苯}}{A_{苯} f'_{苯} + A_{甲苯} f'_{甲苯} + A_{乙苯} f'_{乙苯}}$$

$$w(甲苯) = \frac{A_{甲苯} f'_{甲苯}}{A_{苯} f'_{苯} + A_{甲苯} f'_{甲苯} + A_{乙苯} f'_{乙苯}}$$

$$w(乙苯) = \frac{A_{乙苯} f'_{乙苯}}{A_{苯} f'_{苯} + A_{甲苯} f'_{甲苯} + A_{乙苯} f'_{乙苯}}$$

进度检查

简答题

1. 在色谱定量分析中，为什么需要测定被测组分的相对质量校正因子？
2. 色谱面积归一化法定量有何特点？使用该方法应具备什么条件？

评分标准

气相色谱归一化定量分析技能考试内容及评分标准

一、考试内容

苯同系物的测定

（一）操作

1. 气相色谱仪的开机：开气、开电源。
2. 调节参数。
3. 进样测定

(1) 在调节参数条件下,进样。
(2) 色谱图分析。

(二) 结果计算

按面积归一化法进行校正计算。峰面积测量采用峰高乘半峰宽法。

苯、甲苯、乙苯混合物的含量按下式计算:

$$w_i = \frac{A_i f_i}{\sum A_i f_i}$$

式中 w_i——i 组分的质量分数;

A_i——i 组分的峰面积;

f_i——i 组分的质量校正因子值。

二、评分标准

(一) 基本操作 (60分)

1. 气相色谱仪的开机 (10分)

(1) 开气:各气体阀门。(7分)(错一步扣1分,单项分扣完为止)

(2) 开电源。(3分)

2. 调节参数 (25分)

(1) 汽化室温度。(4分)

(2) 层析室温度。(4分)

(3) 检测器温度。(4分)

(4) 各自桥电流。(8分)

(5) 记录系统。(5分)

3. 测定 (20分)

(1) 进样。(5分)

(2) 测定。(5分)

(3) 色谱曲线处理。(10分)

4. 气相色谱仪的关机 (5分)

关机操作。(错一步扣1分,单项分扣完为止)

(二) 分析结果 (40分)

评分细则如下:

精密度:相对偏差/‰	准确度:相对误差/%	得分
2	0.00~0.10	40~36*
2	0.11~0.15	35~31*
2	0.16~0.25	30~26*
2	0.26~0.35	25~21*
3~4	0.36~0.45	20~16
5~6	0.46~0.55	15~11
7~8	0.56~0.65	10~6
9~10	0.66~0.95	5~1
>10	>0.95	0

注:标 * 的分数是由相对偏差、相对误差两个数据得到的,其他情况下由相对偏差、相对误差分别判分,并以两个分数中的低分作为最终得分。全书其他评分细则的评分方法相同。

模块 8　气相色谱外标法定量分析

编号 FJC-95-01

学习单元 8-1　外标法定量分析

职业领域：化工、石油、环保、医药、冶金、建材、轻工。
工作范围：分析。
学习目标：掌握色谱外标法定量分析的原理和方法。

外标法也称为标准曲线法或直接比较法，是一种简便、快速的定量分析方法。

在测定样品中组分含量时要用与绘制标准曲线完全相同的色谱条件作出谱图，测量色谱峰面积或峰高，然后根据峰面积和峰高在标准工作曲线（图 8-1）上直接查出注入色谱柱中样品组分的浓度。

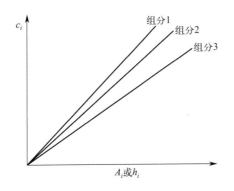

图 8-1　外标标准工作曲线

当待测组分含量变化不大，并已知这一组分的大概含量时，也可以不必绘制标准曲线。可采用单点校正法，在相同的色谱条件下，分别将待测样品液和标准样品液等体积进样，作出色谱图，测量待测组分和样品的峰面积或峰高，然后由式(8-1) 和式(8-2) 直接计算样品溶液中待测组分的含量：

$$w_i = (W_s/A_s)A_i \tag{8-1}$$
$$w_i = (w_s/h_s)h_i \tag{8-2}$$

式中，w_s 为标准样品溶液质量分数；w_i 为样品溶液中待测组分质量分数；$A_s(h_s)$ 为标准样品的峰面积（峰高）；$A_i(h_i)$ 为样品中待测组分的峰面积（峰高）。

显然，当方法存在系统误差时（即标准工作曲线不通过原点），单点校正法的误差比标准曲线法要大得多。

外标法的优点是：绘制好标准工作曲线后测定工作就变得相当简单，可直接从标准工作曲线上读出含量，因此特别适合大量样品的分析。外标法的缺点是：每次样品分析的色谱条件（检测器的影响性能、柱温、流动相流速及组成、进样量、柱效等）很难完全相同，因此容易出现较大误差。此外，标准工作曲线绘制时，一般使用待测组分的标准样品（或已知准确含量的样品），而实际样品的组成却千差万别，因此必将给测量带来一定的误差。

【例8-1】 分析丁二烯组分的含量时，取标准丁二烯1mL，其质量浓度为73.8mg/L，注入色谱柱，测得峰高14.4cm，半峰宽0.6cm。再取样品1mL，同样条件下进行色谱分析，测得丁二烯色谱峰高为12.6cm，半峰宽0.5cm。求丁二烯的质量浓度为多少？

解 $A = 1.065 h W_{h/2}$

$$\rho_{(丁二烯)} = E_i \frac{A_i}{A_E}$$

$$= 73.8 \text{mg/L} \times \frac{1.065 \times 12.6 \text{cm} \times 0.5 \text{cm}}{1.065 \times 14.4 \text{cm} \times 0.6 \text{cm}}$$

$$= 53.8 \text{mg/L}$$

进度检查

一、简答题

1. 外标法与分光光度分析中的标准曲线法有何相似之处？请举例说明。
2. 外标法的优缺点有哪些？

二、计算题

已知 CO_2 气体的体积分数分别为80%、40%、20%时，对应的峰高为100mm、50mm、25mm（等体积进样），试作出外标曲线。现进一等体积的试样，得 CO_2 峰高为750mm，那么该试样中 CO_2 的体积分数是多少？

编号 FJC-95-02

学习单元 8-2　半水煤气的气相色谱分析

职业领域： 化工、石油、环保、医药、冶金、建材、轻工。
工作范围： 分析。
学习目标： 掌握用外标法对半水煤气进行气相色谱分析的原理和技能。
所需仪器、药品和设备

序号	名称及说明	数量
1	GC102AT 气相色谱仪	1 台
2	平面六通进样阀	1 只
3	40 目、60 目、80 目标准筛	1 套
4	1mL 定量管	1 只
5	ϕ4mm×2000mm 不锈钢色谱柱管	2 根
6	真空泵	1 台
7	样气球胆	1 只
8	秒表	1 只
9	漏斗	1 只
10	玻璃棉	适量
11	13X 分子筛	适量
12	GDX-104 高分子微球	适量
13	10％NaOH 溶液	适量
14	半水煤气标准气样	适量

一、测定原理

半水煤气的主要成分为 H_2、CO、CO_2、O_2、N_2、CH_4 等，用气相色谱法进行分析时，采用双柱串联的方式，用固体吸附剂 13X 分子筛对 O_2、N_2、CH_4、CO 等气体进行分离，用高分子微球 GDX-104 将 CO_2 与其他气体分离，以 H_2 为载气，采用热导检测器，得到的色谱图如图 8-2 所示。用外标法测得 CO、CO_2、O_2、N_2、CH_4 的含量，H_2 的含量用差减法得到。

二、分析过程

1. 操作条件

色谱柱：ϕ4mm×2000mm 不锈钢色谱柱管；
固定相：13X 分子筛，GDX-104 高分子微球；
载气：H_2，60mL/min；

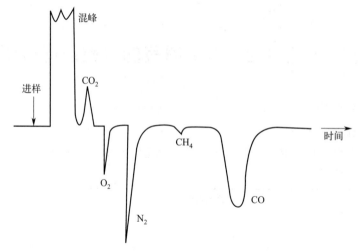

图 8-2 双柱串联分析半水煤气的气相色谱图

柱前压力：1.47MPa（1.5kgf/cm²）；
桥路电流：150mA；
柱温：50℃；
检测室温度：50℃；
纸速：300mm/h；
进样量：1mL。

2. 测定步骤

(1) 各组分的校正系数 K_i 的测定　在上述操作条件恒定的情况下，用六通阀连接定量管进标准气样 1.00mL，观察记录仪上出现的色谱峰，从色谱图测量各组分峰的峰面积，由式(8-3)计算出各组分的校正系数。

$$K_{is} = \frac{c_{is}}{R_{is}A_{is}} \tag{8-3}$$

式中　K_{is}——i 组分的校正系数；
　　　c_{is}——标准气样中 i 组分的浓度；
　　　R_{is}——标准气样中 i 组分的衰减倍数；
　　　A_{is}——标准气样中 i 组分的峰面积，cm²。

(2) 试样含量的测定　用六通阀连接定量管，进半水煤气气样 1.00mL，测得各组分的保留时间和峰面积，方法与上述相同。

3. 结果计算

气样中各组分的含量（质量分数）由式(8-4)计算。

$$w_{ix} = R_{ix}K_iA_{ix} \tag{8-4}$$

式中　w_{ix}——气样中 i 组分的含量；
　　　R_{ix}——气样中 i 组分的衰减倍数；
　　　A_{ix}——气样中 i 组分的峰面积，cm²；
　　　K_i——i 组分的校正系数。

由式(8-4)可计算出气样中 O_2、N_2、CH_4、CO、CO_2 气体的含量，H_2 的含量由式(8-5)

计算。
$$w(H_2)=1-[w(O_2)+w(N_2)+w(CH_4)+w(CO)+w(CO_2)] \qquad (8\text{-}5)$$

进度检查

一、简答题

    1. 使用外标法对半水煤气进行气相色谱分析时应该注意哪些事项？

    2. 半水煤气的分析可以用归一化法吗？为什么？

二、操作题

试用外标法对半水煤气进行气相色谱分析。

编号 FJC-95-03

学习单元 8-3　乙醇中少量水分的测定

职业领域：化工、石油、环保、医药、冶金、建材、轻工。
工作范围：分析。
学习目标：掌握用外标法进行乙醇中少量水分含量的测定方法。
所需仪器、药品和设备

序号	名称及说明	数量
1	GC102AT 气相色谱仪	1 台
2	3m×3mm GDX-103 色谱柱	1 根
3	氢气高压钢瓶	1 瓶
4	微量进样器(1μL)	1 支
5	乙醇(AR)	适量
6	稳压器	1 台
7	容量瓶 50mL	2 个
8	电子天平	1 台

一、测定原理

气相色谱法测定乙醇中少量水分的含量，是以 GDX-103 为固体吸附剂，用热导检测器通过外标法进行定量的。在适当条件下，所得色谱图如图 8-3 所示。

二、测定步骤

1. 标准曲线的绘制

① 无水乙醇中放入少量在 500℃ 加热处理过的 5A 分子筛，放置过夜以除去微量水分。然后准确称取该无水乙醇五份，每份约 5g（称准至 0.0002g），于每份无水乙醇中分别加入 20mg、40mg、70mg、100mg、150mg 蒸馏水，配得五瓶标准溶液，计算出每瓶标准溶液中的含水量（%）。

② 开启装有 3m×3mm GDX-103 柱的色谱仪，检测器用 TCD，H_2 5.0 圈，柱温 105℃，进样器 120℃，检测器 105℃，待各路温度均达到设定值后，即可设置 TCD 工作电流 140mA。然后按动 TCD 恒流源面板上的 [恒流源开关] 按钮，同时左侧指示灯应发亮。观察色谱工作站基线平直后，进样检测。

③ 从每瓶标准溶液中取 1μL，注入色谱仪，测得各瓶标准溶液的

图 8-3　乙醇中少量水分
测定的气相色谱图

色谱图。查出各色谱图中水峰的峰高，以含水量（%）为横坐标，相应水峰的峰高为纵坐标，绘制标准曲线。

2. 试样的分析

在与绘制标准曲线相同的操作条件下，取 1μL 乙醇试样进样，得到色谱图（图 8-3）。从色谱图上量取水峰的峰高，然后从标准曲线上查得试样的含水量。

白酒中乙醇浓度的测定-外标法

进度检查

一、简答题

1. 在实验过程中进样量不准确是否影响测定结果的准确度？为什么？
2. 色谱外标法定量有何特点？

二、计算题

用外标法测定甲醇中少量水分含量时，称取无水甲醇 4 份，每份质量为 2.0000g，分别加水 10mg、30mg、80mg、100mg，测得峰高分别为 6mm、18mm、48mm、60mm。若相同条件下试样水峰 55mm，试画出标准曲线，并于标准曲线上查出试样水的质量分数。

评分标准

气相色谱外标法定量分析技能考试内容及评分标准

一、考试内容
乙醇中少量水分的测定
（一）操作
1. 气相色谱仪的开机：开气、开电源。
2. 调节参数。
3. 标准曲线的绘制。
4. 进样测定：
(1) 在调节参数条件下，进样。
(2) 色谱图分析。
（二）结果计算
绘制标准曲线，从色谱图上量取水峰的峰高，然后从标准曲线上查得试样的含水量。
二、评分标准
（一）基本操作（60 分）
1. 气相色谱仪的开机（10 分）
(1) 开气：各气体阀门。(7 分)（错一步扣 1 分，单项分扣完为止）
(2) 开电源。(3 分)
2. 调节参数（25 分）

(1) 进样器温度。(4分)
(2) 柱温。(4分)
(3) 检测器温度。(4分)
(4) 各自桥电流。(8分)
(5) 记录系统。(5分)
3. 测定（20分）
(1) 进样。(5分)
(2) 测定。(5分)
(3) 色谱曲线处理。(10分)
4. 气相色谱仪的关机（5分）
关机操作。(错一步扣1分，单项分扣完为止)
（二）分析结果（40分）
评分细则如下：

精密度:相对偏差/‰	准确度:相对误差/%	得分
2	0.00～0.10	40～36
2	0.11～0.15	35～31
2	0.16～0.25	30～26
2	0.26～0.35	25～21
3～4	0.36～0.45	20～16
5～6	0.46～0.55	15～11
7～8	0.56～0.65	10～6
9～10	0.66～0.95	5～1
>10	>0.95	0

模块 9　气相色谱内标法定量分析

编号 FJC-96-01

学习单元 9-1　内标法定量分析

职业领域：化工、石油、环保、医药、冶金、建材、轻工。
工作范围：分析。
学习目标：掌握内标法定量分析的原理和方法。

所谓内标法就是将一定量选定的标准物（称内标物 s）加入一定量试样中，混合均匀，在一定操作条件下注入色谱仪，出峰后分别测量组分 i 和内标物 s 的峰面积（或峰高），按式(9-1)计算组分 i 的含量。

$$w_i = \frac{m_i}{m_{试样}} = \frac{m_s \dfrac{f'_i A_i}{f'_s A_s}}{m_{试样}} = \frac{m_s}{m_{试样}} \times \frac{A_i}{A_s} \times \frac{f'_i}{f'_s} \tag{9-1}$$

式中，f'_i、f'_s 分别为组分 i 和内标物 s 的质量校正因子；A_i、A_s 分别为组分 i 和内标物 s 的峰面积。也可以用峰高代替峰面积，则

$$w_i = \frac{m_s f'_{i(h)} h_i}{m_{试样} f'_{s(h)} h_s} \tag{9-2}$$

式中，$f'_{i(h)}$、$f'_{s(h)}$ 分别为组分 i 和内标物 s 的峰高校正因子。

内标法中，常以内标物为基准，即 $f'_s = 1.0$，则式(9-1)和式(9-2)可改写为：

$$w_i = f'_i \frac{m_s A_i}{m_{试样} A_s} \tag{9-3}$$

$$w_i = f'_{i(h)} \frac{m_s h_i}{m_{试样} h_s} \tag{9-4}$$

内标法的优点是：①定量分析结果不受色谱条件的微小变化及进样量准确性的影响；②只要待测组分及内标物出峰，且分离度合乎要求，就可定量；③适用于微量组分的分析。缺点是样品配制比较麻烦，不易找到合适的内标物。

【例 9-1】 某混合物试样中甲基萘的测定，准确称取试样 100mg，加入环己基苯内标物 10mg，溶解均匀后进行色谱进样分析得到如图 9-1 所示的色谱图。测得内标物的峰面积为 35mm^2，甲基萘的峰面积为 25mm^2。已知内标物和甲基萘的峰面积校正因子分别为 1.0 和 1.4。求试样中甲基萘的质量分数为多少？

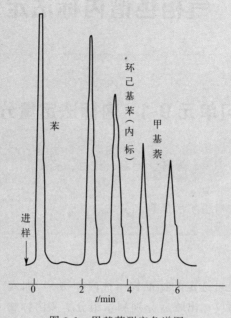

图 9-1　甲基萘测定色谱图

解　$w_{甲基萘} = \dfrac{A_{甲基萘}\; m_{环己基苯}\; f_{甲基萘}}{A_{环己基苯}\; m_{试样}\; f_{环己基苯}}$

$= \dfrac{25\text{mm}^2 \times 10\text{mg} \times 1.4}{35\text{mm}^2 \times 100\text{mg} \times 1.0}$

$= 0.1000$

乙醇中少量水分的测定

进度检查

简答题

1. 什么是内标法？
2. 内标法对内标物有哪些要求？
3. 内标法的优缺点有哪些？举例说明。
4. 内标法与外标法有何区别？举例说明。

编号 FJC-96-02

学习单元 9-2　苯乙烯中杂质含量的测定

职业领域：化工、石油、环保、医药、冶金、建材、轻工。
工作范围：分析。
学习目标：掌握用内标法对苯乙烯中杂质含量进行分析的原理和技能。
所需仪器、药品和设备

序号	名称及说明	数量
1	GC102AT 气相色谱仪	1 台
2	60～80 目标准筛	1 套
3	5μL、50μL 微量注射器	各 1 只
4	φ3mm×1000mm 不锈钢色谱柱管	1 根
5	分析天平	1 台
6	10mL 容量瓶	6 只
7	聚乙二醇己二酸酯	适量
8	丙酮（分析纯）	适量
9	6201 釉化担体	适量
10	乙苯（分析纯）	适量
11	异丙苯（分析纯）	适量
12	α-甲基苯乙烯（分析纯）	适量
13	正庚烷（分析纯）	适量
14	正丙醇（分析纯）	适量

一、测定原理

工业 α-甲基苯乙烯中含有乙苯、异丙苯等杂质，用气相色谱法测定时，固定相为涂有聚乙二醇己二酸酯固定液的 6201 釉化担体，采用热导池检测器，通过内标法进行定量分析。在适当的条件下，所得色谱图如图 9-2 所示。

二、测定过程

1. 操作条件

色谱柱：φ3mm×1000mm 不锈钢色谱柱；
固定相：聚乙二醇己二酸酯（固定液），60～80 目 6201 釉化载体；
载气：H_2，50mL/min；
桥路电流：160mA；
进样器温度：200℃；

柱温：130℃；

检测器温度：150℃；

进样量：5μL。

2. 测定

(1) 标准曲线的绘制　取清洁干燥的 10mL 容量瓶 5 只，用微量注射器按表 9-1 加入不同体积的乙苯、异丙苯、α-甲基苯乙烯，计算乙苯和异丙苯的含量。

表 9-1　加入乙苯、异丙苯和 α-甲基苯乙烯的体积

项目	1	2	3	4	5
乙苯/μL	20	40	60	100	150
异丙苯/μL	4	6	10	15	20
α-甲基苯乙烯/μL	12	16	22	30	40

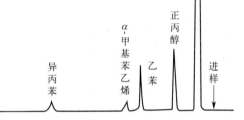

图 9-2　苯乙烯中杂质含量测定气相色谱图

以正庚烷为溶剂稀释至刻度，摇匀。再用微量注射器取 50μL 正丙醇作为内标物，分别注入上述 5 只容量瓶中，充分摇匀。在色谱仪的上述操作条件稳定的情况下分别进样 5μL，得到色谱图。计算各组分与内标物的峰高比，然后以峰高比为纵坐标，相应的含量为横坐标，作出乙苯和异丙苯的标准曲线。

(2) 试样的分析　吸取 10mL 苯乙烯试样注入 10mL 容量瓶中，用微量注射器加入 50μL 正丙醇，充分摇匀。在同样操作条件下用微量注射器取此溶液 5μL 进样，得到色谱图。同法计算其峰高比，然后从标准曲线上查得各杂质的含量。

进度检查

简答题

1. 内标法的内标物应该如何选择？
2. 试用内标法对苯乙烯杂质含量进行分析。

编号 FJC-96-03

学习单元 9-3　异丙醇中杂质含量的测定

职业领域：化工、石油、环保、医药、冶金、建材、轻工。
工作范围：分析。
学习目标：掌握用内标法对异丙醇中杂质含量进行测定的原理和技能。
所需仪器、药品和设备

序号	名称及说明	数量
1	GC102AF 气相色谱仪	1 台
2	25mL 容量瓶	5 只
3	500mL 烧杯	1 只
4	1μL、50μL 微量注射器	各 1 只
5	φ4mm×3000mm 不锈钢色谱柱管	1 根
6	分析天平	1 台
7	丙酮：分析纯	适量
8	正辛烷：分析纯	适量
9	60～80 目 6201 白色担体	适量
10	固定液：聚乙二醇-400	适量
11	叔丁醇：分析纯	适量
12	异丙醇：分析纯	适量

一、测定原理

工业异丙醇中常含有己烷、异丙醚、正丙醇等杂质，可通过气相色谱法测定这些杂质的含量，测定结果以质量百分数表示。测定时以氮气为载气，采用 6201/聚乙二醇柱分离己烷、异丙醚等杂质，经氢火焰离子化检测器检定，以内标法对杂质进行定量分析。

二、测定过程

1. 色谱仪参考操作条件

色谱柱：φ4mm×3000mm 不锈钢色谱柱管；

固定相：聚乙二醇-400（固定液），60～80 目 6201 担体；

柱温：65℃；

汽化室温度：150℃；

氮气：柱前压力 1.2kgf/cm^2（117.68kPa）；

空气：流速 300mL/min；

氢气：流速 60mL/min；

进样量：0.5μL。

2. 色谱柱分离度的测定

用微量注射器吸取 20μL 叔丁醇注入 25mL 容量瓶中，以异丙醇稀释至刻线，混匀。在规定色谱仪操作条件下注入上述试样 0.5μL，按式(9-5)计算叔丁醇与异丙醇的分离度 R。

$$R=\frac{h_i-h_m}{h_i} \tag{9-5}$$

式中　h_i——较低色谱峰的高度，mm；
　　　h_m——两峰交点到基线的距离，mm。

该 R 值不应小于 0.6。

3. 测定方法

于已称重（称准至 0.0002g）的 25mL 容量瓶中加入异丙醇至刻线，再称量（称准至 0.0002g），用注射器向容量瓶中加入 5~10μL 正辛烷（其量应与试样所含杂质量相近），称量（称准至 0.0002g），混匀。

内标物正辛烷的含量按式(9-6)计算：

$$x_1=\frac{m_1}{m_2} \tag{9-6}$$

式中　x_1——内标物正辛烷含量；
　　　m_1——正辛烷质量，g；
　　　m_2——正辛烷和异丙醇的总质量，g。

用微量注射器吸取加有内标物的试样 0.5μL 注入色谱仪中，待各杂质峰出完后，根据各色谱峰面积计算各杂质含量。

4. 结果计算

试样中各杂质含量按式(9-7)计算：

$$x_i=\frac{A_i x_1}{S_g A_s} \tag{9-7}$$

式中　x_i——试样中各杂质含量（质量分数），%；
　　　A_i——被测组分峰面积，mm^2；
　　　S_g——被测组分的相对响应值；
　　　A_s——内标物峰面积，mm^2；
　　　x_1——内标物含量。

进度检查

操作题

试用内标法对异丙醇中杂质含量进行测定。

评分标准

气相色谱内标法定量分析技能考试内容及评分标准

一、考试内容

异丙醇中杂质含量的测定

1. 操作

(1) 气相色谱仪的开机操作。

(2) 调节参数。

(3) 进样操作测定。

(4) 色谱图分析。

2. 结果计算

试样中各杂质含量按下式计算：

$$x_i = \frac{A_i x_1}{S_g A_s}$$

式中　x_i——试样中各杂质含量（质量分数），%；

　　　A_i——被测组分峰面积，mm^2；

　　　S_g——被测组分的相对响应值；

　　　A_s——内标物峰面积，mm^2；

　　　x_1——内标物含量。

二、评分标准

1. 基本操作（60分）

(1) 气相色谱仪的开机（10分）

(2) 参数设定（25分）

汽化室温度（6分）

层析室温度（6分）

检测器温度（6分）

各自桥电流（7分）

(3) 测定（20分）

进样（5分）

测定（5分）

色谱分析数据处理（10分）

(4) 气相色谱仪的关机（5分）

关机操作（错一步扣1分，单项分扣完为止）。

2. 分析结果（40分）

评分细则如下：

精密度:相对偏差/‰	准确度:相对误差/%	得分
2	0.00~0.10	40~36
2	0.11~0.15	35~31
2	0.16~0.25	30~26
2	0.26~0.35	25~21
3~4	0.36~0.45	20~16
5~6	0.46~0.55	15~11
7~8	0.56~0.65	10~6
9~10	0.66~0.95	5~1
>10	>0.95	0

模块 10　气相色谱仪的维护和保养方法

编号 FJC-97-01

学习单元 10-1　GC102AT 和 GC102AF 气相色谱仪的维护和保养

职业领域：化工、石油、环保、医药、冶金、建材等。
工作范围：分析。
学习目标：掌握气相色谱仪的维护和保养方法。
所需仪器、药品和设备

序号	名称及说明	数量
1	GC102AT 气相色谱仪	1 台
2	GC102AF 气相色谱仪	1 台

以 GC102AT 气相色谱仪和 GC102AF 气相色谱仪为例说明气相色谱仪的维护和保养方法。

一、GC102AT 气相色谱仪的维护和保养

1. GC102AT 气相色谱仪的维护

正确地维护仪器不但能使仪器正常工作，而且能延长仪器寿命。在维护仪器时必须注意以下四点：

① 仪器应严格地在规定的条件下工作，在某些条件不符合时，必须采取相应的措施。

② 严格按照操作规程进行工作，严禁油污、有机物及其他物质进入检测器及管道，以免造成管道堵塞或仪器性能恶化。

③ 严禁柱温超过固定相中固定液允许使用温度，一般柱温低于固定液允许使用温度，在进行高灵敏操作时选择柱温应更低。

④ 载气（氢气或氮气）输入 GC102AT 的压力必须在 0.343~0.6MPa。在开机使用前必须先开通 A、B 两路载气，再接通热导池恒流源；关机时，应先切断恒流源，然后再关闭载气。

2. 热导检测器的清洗和安装

在检测器工作期间，绝对禁止在没有输入载气的情况下，设置 TCD 电流值和按动 [恒流源开关] 按钮，以免造成铼钨丝烧毁的事故。同时，当老化色谱柱时，柱后载气未接入检测器池体内，也绝对禁止设置热导池电流和按动 [恒流源开关] 按钮。

仪器长期使用或分析过高沸点样品后,热导池体内的钨丝极易受到污染,特别是流经样品气的"测量池"内的钨丝,一些样品的残渣会与灼热的钨丝发生作用,并滞留在钨丝表面,使钨丝的热稳定性和导热状态发生变化,造成仪器噪声增大或灵敏度下降,在这时须对检测器进行清洗。一般情况下(经常使用或分析样品沸点低于200℃),不必拆下钨丝清洗,可先拆下色谱柱,将低沸点溶剂(酒精、丙酮等)从热导池出口处灌入,让溶剂从池体入口处流出,并流入盛器内,这样反复多次后,再接入干净的气体将溶剂吹出。然后把检测器加热(温度至少高于溶剂沸点30℃),通入干净的气体(流量50mL/min左右)冲洗片刻,最后接好色谱柱,通入载气,即可恢复正常工作。

当钨丝严重污染或钨丝断裂后,须拆下池体,取出钨丝弓架重新安装。这时应先卸下柱箱内固定热导池体的M12×1螺母及固定检测器外壳的螺栓,取出检测器部件,再按以下步骤拆下热导池体:

① 打开热导检测器的外壳及内盖,倒出细玻璃珠(保存好,下次安装时可重复使用)。
② 从接线架上拆下除钨丝的引出线。
③ 放松固定池体的螺栓,小心取出热导池体。
④ 将池体固定在台虎钳上,旋松安装钨丝的密封螺母,取出热导弓架。
⑤ 用酒精或其他低沸点有机溶剂浸洗钨丝和热导池腔体(可用超声波清洗),浸洗后,滤干溶剂,并在150℃温度下烘干。

上述过程中,应小心钨丝被扭断或拉松,重新安装钨丝时应注意,不能使钨丝碰到腔体内壁。安装次序如下:

① 把钨丝引出线穿在螺母中,引出线与万用表一端连接,万用表另一端与热导池体相连接。
② 把密封垫圈放在热导池腔体口上,小心地把钨丝(热导弓架)放入。
③ 旋紧螺母,在此同时注意观察万用表读数(指针),当发现为0Ω时(表示钨丝已碰到腔体内壁),就应立即停止旋紧螺母,并退出防止钨丝拉断。重新校正热导池钨丝弓架,使钨丝与热导池座垂直,再把钨丝装入腔体,直至万用表读数为∞,用力旋紧螺母。其他三臂可按同样方法安装。
④ 钨丝安装完成后,通入氮气进行检漏,检漏压力在0.2~0.4MPa。
⑤ 按原样重新安装热导检测器部件。
⑥ 将接线完成的TCD安装在GC102AT主机上,恢复正常使用。

注意:

① 热导钨丝为四支配成一套,故安装在热导池腔体内的四支钨丝必须为同一套,不然将影响使用效果或无法调零。
② 由于热导检测器结构复杂,因此若没有专业维修技术的分析人员,尽可能不要自行装拆热导检测器。
③ 若使用检漏液检查池体的密封性,应待钨丝引出线烘干后,再装入检测器的内盒,以提高热导钨丝对外壳的绝缘性能(绝缘电阻>5MΩ)。

3. 进样器清洗

进样器比较容易污染,特别是汽化管很容易污染,为此清洗进样器就显得比较重要。清洗时先拆下色谱柱,旋下散热圈,取出密封硅橡胶垫和汽化管,把散热圈及汽化管用丙酮或酒精清洗，然后烘干；进样器管子内壁可用丙酮或酒精棉球直接多次穿洗，穿洗后用大流量载气吹一下（主要吹掉棉球纤维并吹干溶剂）。随后装好汽化管和色谱柱，放入新的密封硅橡胶垫，旋紧散热圈即可。

二、GC102AF 气相色谱仪的维护和保养

1. GC102AF 气相色谱仪的维护

正确地维护仪器不但能使仪器正常工作，而且能延长仪器寿命。在维护仪器时必须注意以下四点：

① 仪器应严格地在规定的条件下工作，在某些条件不符合时，必须采取相应的措施。

② 严格按照操作规程进行工作，严禁油污、有机物及其他物质进入检测器及管道，以免造成管道堵塞或仪器性能恶化。

③ 严禁柱温超过固定相中固定液允许使用温度，一般柱温低于固定液允许使用温度，在进行高灵敏操作时选择柱温应更低。

④ 载气输入 GC102AF 的压力必须在 0.343～0.392MPa，空气输入 GC102AF 的压力在 0.294～0.588MPa。如果使用氢气为载气时，输入 GC102AF 的载气入口压力应在 0.343MPa。

2. 氢火焰离子化检测器的清洗

可拆下 FID 外罩，取下电极和绝缘垫圈，把外罩、电极和绝缘圈用丙酮或酒精清洗，然后烘干。如果污染严重，可以将待清洗零件放入超声波清洗液中，经超声波清洗后，用清水淋洗干净，然后用酒精清洗并烘干。装配时注意点火线圈应居于喷嘴口周围，不能与地相碰，高度不能超过喷嘴口，如超过喷嘴口点火后点火极会发红影响检测器的灵敏度。如果是色谱柱固定液沾污检测器，则选用能溶解固定液的溶剂予以清洗。

取下外罩的方法是：用螺丝刀旋下压住发射极-点火极引出端压条的固定螺栓，取下压条，用手持住外罩的底部，用力向上即可拔出外罩。然后就可方便地选用合适的扳手旋下固定发射极-点火极特制螺母（发射极-点火极引线从中穿出），抽出电极。若要更换或取下喷口清洗，可先用手旋下挡风圈，这时喷口完全露出，再选用合适的扳手旋出喷口。取下 FID 上部分外罩（收集极部分）的方法是：用手旋下 FID 外罩中部的两个滚花螺栓，持住收集极引出端用力向上拔出上部分外罩即可。

警告：当换上新喷口时，一定要同时换上新的喷口密封垫圈，再用力将喷口旋紧，以防漏气。

3. 进样器清洗

进样器比较容易污染，特别是汽化管很容易污染，为此清洗进样器就显得比较重要。清洗时先拆下色谱柱，旋下散热圈，取出密封硅橡胶垫和汽化管，把散热圈及汽化管用丙酮或酒精清洗，然后烘干；进样器管子内壁可用丙酮或酒精棉球直接多次穿洗，穿洗后用大流量载气吹一下（主要吹掉棉球纤维并吹干溶剂）。随后装好汽化管和色谱柱，放入新的密封硅橡胶垫，旋紧散热圈即可。

三、GC102AT 气相色谱仪和 GC102AF 气相色谱仪的使用注意事项

① 由于仪器加热系统直接接在电源输入端（不受电源继电器控制），因此检修控温部件

时，不能只关闭仪器电源开关，还必须拔掉电源线插头，切断主机电源，以确保操作安全。

② 柱箱实测温度超过设置温度 5℃ 以上，即显示"开门降温"，同时停止加热。若 1min 后温度仍然上升，则显示"柱箱加热器故障，请检修"，此时切断加热器电源，报警等待；如 1min 后温度不再上升，则 5min 后显示"关门起始"，需要按起始键重新升温。进样器、检测器在控温过程中发现其中任一路实测温度超过设置温度 5℃ 以上，即停止加热。1min 后温度仍然上升，则切断加热器电源，报警等待；如 1min 后不升温，则等温度下降到设置温度值 10℃ 以下后重新开始加热。

气相色谱仪的维护保养与防护安全

进度检查

一、填空题

1. 载气（氢气或氮气）输入 GC102AT 的压力必须在_____左右。在开机使用前必须先开通_____，再接通_____；关机时，应先_____，然后再_____。

2. 载气输入 GC102AF 的压力必须在_____，空气输入 GC102AF 的压力在_____，氢气输入 GC102AF 的压力_____。如果使用氢气为载气时，输入 GC102AF 的载气入口压力应在_____。

3. 一般柱温____固定液允许使用温度，在进行高灵敏操作时选择柱温应更____。

二、简答题

1. 为什么要清洗进样器？怎样清洗？
2. 怎样清洗热导检测器？
3. 怎样清洗氢火焰离子化检测器？

编号 FJC-97-02

学习单元 10-2　气相色谱仪常见故障及排除方法

职业领域：化工、石油、环保、医药、冶金、建材等。
工作范围：分析。
学习目标：掌握气相色谱仪常见故障及排除方法。
所需仪器、药品和设备

序号	名称及说明	数量
1	GC102AT 气相色谱仪	1 台
2	GC102AF 气相色谱仪	1 台

一、GC102AT 气相色谱仪色谱信号判断及故障排除

GC102AT 气相色谱仪的常见色谱输出信号的判断及故障排除方法见表 10-1。

表 10-1　GC102AT 气相色谱仪的常见故障及排除方法

故障现象	可能原因	排除方法
进样不出峰或只出很小的峰	未设定热导电流	按说明书方法设定电流
	钨丝断裂	更换钨丝(与厂方联系)
	没有载气流过	检查载气流路是否堵塞,或气瓶中气源是否用完
	TCD 恒流源部件内部接插件及连接线脱落或未插好	重新插好有关插件
	记录器(二次仪表)故障	看说明书,排除记录器(二次仪表)故障
	进样温度太低,样品没有汽化	增加进样器温度
	微量注射器堵塞	更换注射器
	进样器硅橡胶漏气	更换硅橡胶
	色谱柱后大量漏气	拧紧色谱柱,并检漏
	恒流源故障	与厂方联系维修
	载气选择不正确	更换载气
正常滞留时间而灵敏度下降	检测器温度过高	正确选择检测器温度
	没有足够样品量	增加进样量
	样品进样过程中损耗	进样过程中尽可能保证样品全部进入系统
	注射器漏或堵	更换注射器或通注射器
	载气漏,特别是进样器漏气	检漏
	载气流量选择不正确	调整载气流量
	电流过小	重新设置电流值
基线单方向漂移(TCD)	检测器温度太低,样品在池内有滞留	重新调节检测器温度
	柱箱(包括其他加热器)停止加热或温度失控	检修控温系统和加热系统
	载气已逐渐用完	更换载气钢瓶
	刚开机,控温区域在升温中	属正常现象

续表

故障现象	可能原因	排除方法
不能调零	钨丝阻值不配对	更换钨丝(与厂方联系)
	池体内钨丝与外壳绝缘下降或短路	重新安装钨丝
	钨丝严重污染	清洗池体
	TCD 恒流电源部件内部接插件及连接线脱落或未插好	重新插好有关的插件
基线噪声大	载气不纯(一般大电流工作状况,对载气要求高)	选择高纯度载气或将载气净化后再使用,例脱氧、干燥、净化等处理
	热导池受污染	清洗池体和进样器
	色谱柱未老化处理或该柱已使用很长时间	重新老化色谱柱,老化温度应高于使用温度 10~30℃ 范围
	进样器硅橡胶漏气	更换硅橡胶
	气路系统及色谱柱连接处漏气	检漏
	TCD 工作电流过大	降低工作电流
	恒流源故障	与厂方联系维修

二、GC102AF 气相色谱仪色谱信号判断及故障排除

GC102AF 气相色谱仪的常见色谱输出信号的判断及故障排除方法见表 10-2。

表 10-2　GC102AF 气相色谱仪的常见故障及排除方法

故障现象	可能原因	排除方法
没有峰	放大器电源断开	检查放大器,保险丝
	离子线断裂	检查离子线
	没有载气流过	检查载气流路是否堵塞,或气瓶中气源是否用完
	记录器接触不良	检查记录器接线
	记录器故障	看仪器说明书,排除记录器故障
	进样温度太低,样品没有汽化	增加进样器温度
	微量注射器堵塞	更换注射器
	进样器硅橡胶漏气	更换硅橡胶
	色谱柱连接松开	拧紧色谱柱
	无火(FID)	点火
	FID 极化电压没接或接触不良	接上极化电压,或排除极化电压连接不良现象
正常滞留时间而灵敏度下降	衰减太大	降低衰减,增加高阻
	没有足够样品量	增加进样量
	样品进样过程中的损耗	进样过程中尽可能保证样品全部进入系统
	注射器漏或堵	更换注射器或通注射器
	载气漏,特别是进样器漏气	检漏
	氢气和空气流量选择不当(FID)	调整氢气和空气流量
	检测器没有高压(FID)	检查或装上高电压
拖尾峰	进样温度太低	重新调节进样器温度
	进样管污染(样品或硅橡胶残留)	用溶液清洗进样器管子
	色谱柱炉温太低	增加色谱柱温度
	进样技术过低	提高进样技术,做到进针快、出针快
	色谱柱选择不当(样品与柱担体或固定液起反应)	重新选择适当色谱柱
伸舌峰	柱超过负荷,样品量太大	降低样品量
	样品凝结在系统中	先提高柱温,再选择适当的进样器、色谱柱、检测器温度

续表

故障现象	可能原因	排除方法
没分离峰	柱温太高	降低柱温
	柱过短	选择较长色谱柱
	固定液流失	更换色谱柱或老化色谱柱
	固定液或担体选择不正确	选择适当色谱柱
	载气流速太高	降低载气流速
	进样技术太差	提高进样技术
圆顶峰	超过检测器线性范围	降低样品量
	记录器阻尼太大	重新调节记录器阻尼
平顶峰	放大器输入饱和	降低样品量,降低放大器灵敏度
	记录器传动装置零点位置变化	检查记录器零点位置,或者用其他记录器对比使用
锯齿形基线	稳流阀膜片疲劳	更换膜片或修理阀
	载气瓶减压阀输出压力变化	调节载气阀减压阀的压力在另一位置
没进样而基线单方向变化(FID)	检测器温度太低	提高检测器温度超过100℃,清洗检测器或把检测器温度升高到200℃赶走水蒸气
	色谱柱停止升温或失控	检修控温系统和加热丝铂电阻
出峰到固定位置记录笔抖动	记录器滑线电阻沾污	清洗滑线电阻
基线突变	电源的插头接触不良	把电源插头座安装牢靠
	外电场干扰	排除足以影响仪器正常工作的外电场干扰
	氢气、空气流量选择不当(FID)	重新调整氢气、空气流量,特别是空气流量
基线突偏移	记录器灵敏度低	调整记录器,把灵敏度提高
	记录器接地不良	保证记录器及整机有良好接地
滞留时间延长且灵敏度低	载气流速太慢	增加载气流速,如载气流路中有阻塞现象,则设法排除
	进样后载气流量变化	更换进样硅橡胶
	进样器硅橡胶漏气	更换进样器硅橡胶
反峰	样品进到另一根柱中	样品进到适当色谱柱中
	正负开关位置放错	改变正负开关,将其放在正确位置
恒温操作时有不规则基线波动	仪器安放位置不好	把仪器安放在无强烈振动、无强空气对流处,并把仪器安放水平,最好把仪器放在水泥台上或垫有橡皮垫的桌子上
	仪器接地不好	仪器及记录器应良好接地
	色谱柱固定液流失	固定液选择适当,柱子应充分老化,不能把柱温升到固定液使用极限(特别是高灵敏度检测器)
	载气泄漏	检漏
	检测器污染	清洗检测器
	载气流量选择不当	调节载气稳流阀,使载气流量调节适当,保证载气瓶总压力在5~15MPa
	氢气、空气选择不当(FID)	适当调节氢气、空气流量
	放大器本身不稳	检查放大器,修理放大器
	记录器不好	断开记录器信号线,用金属丝把信号线短路,此时记录器不好,则照记录器说明书修理记录器
额外峰	前一样品的高组分峰	待前一次样品全部流出后再进样
	当柱温升高时,冷凝在色谱柱中的水分或其他不纯物质在出峰	安装或再生净化器选择适当的操作条件
峰半高宽度突然增大	空气峰	排出注射器中的空气
	样品分解	降低进样器温度(不用易催化、易分解固定液或担体)
	样品沾污	保证样品干净,无杂质与其他组分混合
	样品与固定液、担体或吸附剂反应	利用其他色谱柱,以免样品及固定相起反应
	色谱柱头玻璃棉沾污或注射器沾污	调换柱头玻璃棉或清洗注射器
	进样硅橡胶污染或低分子组分流出	把硅橡胶在200℃中烘16h再使用

续表

故障现象	可能原因	排除方法
出峰时记录笔突然回到低于基线并且灭火（FID）	样品量太大	降低样品量
	氢气或空气流量太低	重新调节氢气、空气流速
	载气流速太高	选择合适的载气流速
	火焰喷口污染（或堵塞）	清洗火焰喷口（或通火焰喷口）
	氢气用完	保证氢气源有足够的氢气
台阶峰不回零（峰平头），记录笔手动会左右移动	记录笔增益,阻尼调节不适当	校正记录器增益及阻尼（直到手动记录笔左右移动后仍回原处）
	仪器没有合适接地	仪器和记录器需要良好接地
	有极低交流信号反馈到记录器中	根据需要接一只 $0.25\mu F/250V$ 的电容，从正或负的输入端与地端相接，正或负的接法根据实验决定（注意：不要使电容接在信号线的正负处）
基线不回零	记录器零点调节位置不正常	用金属丝使记录器信号输入短路，校到零
	柱的流失（FID）过多	利用流失少的色谱柱
	检测器污染	清洗检测器
	记录器故障	照记录器说明书，修理记录器
不规则距离中有尖刺峰	灰尘粒子或外来物质不规则地在火焰中燃烧（FID）	从管路中消除水并调换或活化氢气过滤器中的干燥剂
	绝缘子漏电或高阻连接继电器受潮漏气	进行干燥处理（用电吹风吹干），或更换受潮器件
	放大器故障	清除流路中杂质，如是色谱柱中有杂质，则可适当提高柱温
	火焰跳动	调节合适的氢气和空气流量
在相等间隔中有一定短毛刺	水冷凝在氢气管路中（水一般在氢气源后）	从管路中消除水并调换或活化氢气过滤器中的干燥剂
	漏气	检漏
	流路中有堵塞现象	清除流路中杂质，如是色谱柱中有杂质，则可适当提高柱温
	火焰跳动	调节合适的氢气和空气流量
基线噪声大	色谱柱污染或色谱柱流失太大	更换色谱柱
	载气污染	更换或再生载气过滤器
	载气流速太高	重新调节载气流速
	载气漏	检漏
	接地不良	保证仪器接地良好
	高阻污染	找出污染高阻并清洗
	记录器滑线污染	擦干净滑线电阻上污染物
	记录器不好	短路记录器信号输入端，如仍有噪声，则检修记录器
	进样器污染	清洗进样器中进样管及清洗硅橡胶残渣
	氢气流速太高或太低（FID）	重新调节氢气流速
	空气流速太高或太低（FID）	重新调节空气流速
	空气或氢气污染	更换氢气、空气过滤器
	水冷凝在FID中	增加FID温度清除水分
	检测器电缆接触不良	更换或修理电缆
	检测器绝缘变小（离子化检测器）	清洗检测器
	检测器电极或喷口及底部污染	清洗检测器
周期性基线波动	检测器温控不良	检查铂电阻，提高控制精度
	色谱柱炉温调节不当	重新设置柱温
	载气流速调节不当	重新调节载气流速
	载气压力太低	更换载气瓶
	空气、氢气流量调节不当（FID）	重新调节氢气、空气流量

续表

故障现象	可能原因	排除方法
单方向基线漂移	检测器温度大幅度增加或减小	稳定检测器温度,如果是开机后温度变化,属正常现象
	放大器零点漂移	检修放大器
	柱温大幅度增加或减小	稳定色谱柱温度,如果是开机后温度变化,属正常现象
	载气逐渐用完	更换载气瓶
升温时不规则基线变化	柱流失过多	选择适当色谱柱,使用柱温应远低于固定液最高使用温度
	没选择好合适的操作条件	选择合适的操作条件
	柱污染	更换色谱柱
	硅橡胶升温时出鬼峰	硅橡胶使用前于200℃烘16h

气相色谱仪的常见故障及排除方法

进度检查

操作题

实际进行 GC102AT 气相色谱仪和 GC102AF 气相色谱仪的使用操作,由教师检查下列项目的操作是否正确:

1. 色谱信号判断。
2. 故障排除。

评分标准

气相色谱仪色谱信号判断及故障排除技能考试内容及评分标准

一、考试内容
1. GC102AT 气相色谱仪色谱信号判断及故障排除
2. GC102AF 气相色谱仪色谱信号判断及故障排除
二、评分标准
1. GC102AT 气相色谱仪色谱信号判断及故障排除(50分)
(1) 色谱信号判断。(25分)
每错一处扣5分。
(2) 故障排除。(25分)
每错一处扣5分。
2. GC102AF 气相色谱仪色谱信号判断及故障排除(50分)
(1) 色谱信号判断。(25分)
每错一处扣5分。
(2) 故障排除。(25分)
每错一处扣5分。

模块 11 纸色谱法

> 编号 FJC-98-01
>
> ## 学习单元 11-1 纸色谱法的原理
>
> **职业领域**：化工、石油、环保、医药、冶金、建材、轻工。
> **工作范围**：分析。
> **学习目标**：了解纸色谱法的基本知识和分离原理，掌握色谱纸和展开剂的选择原则，以及色谱纸的预处理。

一、基本原理

纸色谱法是以滤纸作为载体，滤纸上所含水分或其他物质为固定相，用流动相（展开剂）进行展开的分配色谱。固定相一般为滤纸纤维上所吸附的水，当然除水以外，滤纸也可吸附甲酰胺或缓冲液等其他物质作固定相。虽然流动相应为不与水混溶的有机溶剂，但在实际的应用中，通常也选用与水相混溶的溶剂作流动相。因为滤纸纤维能吸附 22% 左右的水，其中约有 6% 的水分通过氢键与纤维上的羟基结合成复合物，所以这部分水和与水混溶的溶剂仍能形成不相混合的两相。

对于非极性化合物的分析，可采用反相纸色谱法，即固定相采用极性小的溶剂，展开剂采用水或极性有机溶剂。

在纸色谱法中，样品中的各组分在固定相和流动相之间连续地分配，由于组分在两相间的分配系数不同，则随展开剂迁移的速度就会出现不同，从而达到分离的目的。展开后，用显色或其他适宜方法确定样品斑点的位置和大小，以进行定性和定量分析。

物质被分离后，各组分在滤纸上移动的位置用比移值 R_f 表示。根据样品 A、B 展开后的相对位置（如图 11-1），可知：

$$R_f = \frac{原点到斑点中心的距离}{原点到溶剂前沿的距离} \tag{11-1}$$

$$样品 A 的 R_f = \frac{a}{c} \tag{11-2}$$

$$样品 B 的 R_f = \frac{b}{c} \tag{11-3}$$

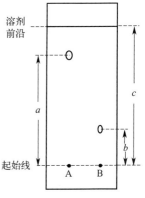

图 11-1 R_f 值测量示意图

R_f 值在 0～1 之间变化，若某组分的 R_f 值等于零，则表示它仍停留在原点，未被展开剂所展开。物质的 R_f 值主要决定于

分配系数 K。

$$K = \frac{\text{固定相中溶质的量}}{\text{流动相中溶质的量}} \tag{11-4}$$

可见，分配系数大，溶质（样品）在固定相中分配多，在流动相中分配少，因此移动的距离短，R_f 值小。反之，分配系数小，R_f 值大。由于样品中的各组分在两相间有固定的分配系数 K，则它们也必然有相对固定的 R_f 值，因此，可利用 R_f 值进行定性分析。但在实际分析工作中，会有很多影响因素，如展开剂的组成、展开时的温度、展开剂蒸气的饱和程度及滤纸的性能等，导致 R_f 值的重现性差。所以，经常采用样品和对照品在相同色谱条件下操作，求得相对比移值 Rs。使用 Rs 进行定性分析可减少误差。

$$Rs = \frac{\text{原点到样品斑点中心的距离}}{\text{原点到对照品斑点中心的距离}} \tag{11-5}$$

二、色谱纸的选择和预处理

1. 色谱纸的选择

滤纸的质量是保证分离效果的重要因素之一，因此对滤纸的一般要求有：
① 质地均匀、平整无折痕、边缘整齐，以保证溶剂的展开速度均匀，分离规则。
② 松紧和厚度适宜，过紧或过厚则展开速度太慢，过于疏松则斑点易扩散。
③ 具有一定的纯度，不含填充剂，无明显的荧光斑点，灰分和金属离子含量符合要求。
④ 不易断裂，具有一定的机械强度。

滤纸的选择应结合样品的情况进行考虑。如样品中各组分的 R_f 值相差很小，采用慢速滤纸较好，可避免斑点重叠；反之，则宜采用快速滤纸。除此之外，选择滤纸时，还应考虑展开剂的性质。如以正丁醇为主的溶剂黏度较大，展开速度慢，宜采用快速滤纸；以氯仿、石油醚等为主的溶剂则展开速度快，宜采用慢速滤纸。作定性分析选择薄滤纸，而制备定量分析应选用厚滤纸。常用的国产滤纸有新华滤纸，进口滤纸多选用华特曼（Whatman）滤纸。

2. 色谱纸的预处理

为了适应某些样品的特殊需要，通常将滤纸进行预处理，使其具有新的性能。例如，分离酸、碱物质时，可将滤纸浸入一定 pH 值的缓冲溶液中进行处理，使滤纸可维持恒定的酸碱度。分离一些极性小的物质时，用甲酰胺、二甲基甲酰胺、丙二醇等代替水作固定相，可增加物质在固定相中的溶解度，使分配系数增大，R_f 值降低，改善分离效果。

三、展开剂的选择

常用的展开剂有水、甲酰胺、甲醇、正丁醇、酚等，主要根据被分离物质的性质对其进行选择。选择展开剂时，应考虑以下几点：
① 展开剂不与被分离样品发生化学反应，如为混合溶剂系统，则各组成成分之间也不相互发生化学反应。
② 样品被该展开剂展开后，R_f 值的范围应在 0.05～0.85 之间；分离含两个以上组分的样品时，各组分的 R_f 值相差至少要大于 0.05，以免斑点重叠。
③ 物质在溶剂系统中的分配系数最好不受或少受温度变化的影响，这样易于获得边缘

整齐的圆形斑点。

④ 尽量不选择高沸点溶剂作展开剂,便于滤纸干燥。

进度检查

一、填空题

1. 物质被分离后,各组分在滤纸上移动的位置用_____表示。

2. 为了适应某些样品的特殊需要,将滤纸进行_____,使其具有新的性能。

3. 将样品 A 展开后,原点到斑点中心的距离为 8.0cm,展开剂前沿距原点 15.0cm,R_f 值为_____。

二、判断题（正确的在括号内画"√",错误的画"×"）

1. 分配系数大,溶质在固定相中分配少,在流动相中分配多,因此 R_f 值大。（　　）

2. 分离酸、碱物质时,可将滤纸浸入一定 pH 值的缓冲溶液中进行处理,使滤纸可维持恒定的酸碱度。（　　）

三、简答题

1. 怎么选择色谱纸?

2. 展开剂的选择应注意什么?

3. 什么是 R_f 值和 R_s 值?各自有什么意义?

编号 FJC-98-02

学习单元 11-2　纸色谱法的操作

职业领域：化工、石油、环保、医药、冶金、建材、轻工。
工作范围：分析。
学习目标：掌握纸色谱法的基本操作。
所需仪器、药品和设备

序号	名称及说明	数量
1	滤纸	1张
2	平头毛细管（或微量注射器）	1根（个）
3	薄层展开缸	1个
4	喷雾器	1个

一、点样

1. 样品溶液的准备

若样品为液态物质，一般可直接或稀释后点样。若为固态物质，则点样前应先将样品配制成一定浓度的溶液，所用溶剂最好与展开剂极性相似，常用溶剂有乙醇、丙酮和氯仿等。

2. 操作方法

取大小适宜的滤纸一张，在距纸一端约 2.5cm 处用铅笔轻轻画一条直线，作为点样起始线，并在线上画符号"·"或"×"表示点样的位置。用内径为 0.5mm 的平头毛细管或微量注射器吸取规定量的样品溶液，轻轻碰触滤纸表面，将样品均匀地点在已经做好标记的起始线上。样品溶液（特别是浓度较小的样液）宜分次点样，每次点样后用红外灯或电吹风迅速干燥，再点下一次。烘干温度不宜过高，以免样品被破坏，也不可烘得过干，以免样品吸附于滤纸纤维上，造成拖尾。各个样点应为圆形，直径为 2～3mm，样点之间的间距约为 2cm。点样量一般为 1～2μL（含样品几至几十微克），如过多，展开后易出现斑点过大或拖尾等现象。

二、展开

样点干燥后，将滤纸置于盛有展开剂的密闭容器中，待蒸气饱和后，将滤纸浸入展开剂中进行展开。常见的展开方法有上行法、下行法和环形法等。

1. 上行法

是展开剂借毛细作用自下向上扩展的方式。将点样后的滤纸挂在悬钩上，样点端朝下，置于盛有展开剂的展开缸中，但不要使滤纸接触液面，密闭。待滤纸被展开剂蒸气饱和后，再下降悬钩，使滤纸浸入展开剂中约 1cm，进行展开，注意不要将样点浸入展开剂中。当展开剂前沿扩展至距离滤纸上端1~2cm处时，取出滤纸，并在前沿做好标记，用冷风吹干或晾干（如图11-2）。若样点较少，可用大试管作展开容器（如图11-3）；若样点较多或进行对照实验，可采用圆筒形滤纸（如图11-4）。

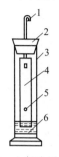 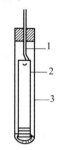 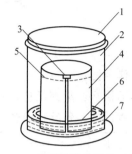

图11-2　上行法展开装置　　　图11-3　上行法试管形展开装置　　　图11-4　上行法圆筒形展开装置
1—悬钩；2—橡胶塞；　　　　　　1—悬钩；2—滤纸；　　　　　　1—展开缸盖；2—展开缸；3—铁夹；
3—展开缸；4—滤纸；　　　　　　3—试管　　　　　　　　　　　　4—圆筒形滤纸；5—溶剂前沿；
5—样点；6—溶剂　　　　　　　　　　　　　　　　　　　　　　　6—样点；7—溶剂

2. 下行法

在滤纸的上端点样后，将上端放入溶剂槽内并用玻璃棒压住，滤纸通过槽侧的支持棒自然下垂，样点应在支持棒下数厘米处。展开前，可先将展开剂装入平皿内，也可将浸有展开剂的滤纸条贴于展开缸内壁，待展开剂挥发，展开缸内蒸气饱和后，将展开剂倒入溶剂槽内，进行展开。此时，展开剂借助滤纸的毛细作用由上方不断地流经样点，向下移动，移动至规定距离后，取出滤纸，在展开剂前沿做好标记，待展开剂挥发后按规定方法检查（如图11-5）。

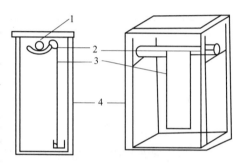

图11-5　下行法展开装置
1—玻璃棒；2—溶剂槽；3—滤纸；4—展开缸

3. 环形法

环形法是一种所需仪器简单、展开速度较快的方法。首先在滤纸上划出若干等份扇形，在圆形滤纸中央直径约为20mm的圈线上点样，纸中心穿一个小孔（直径约2mm），将小孔中的纸芯或棉花芯浸入展开剂中，则展开剂被吸上，流经样点，向四周扩散，从而使样液中的各组分被展开（如图11-6）。

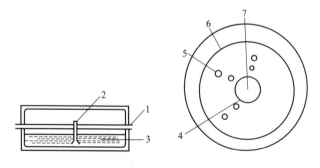

图11-6　环形法展开装置
1—圆形滤纸；2—纸芯或棉花芯；3—展开剂；4—20mm直径点样基线；5—斑点；6—溶剂前沿；7—2mm小孔

三、显色

展开后,通常先在日光下观察有无有色斑点,画出斑点的位置,然后再在紫外灯下观察有无荧光斑点,并记录其颜色、位置及强弱。如某些组分既无有色斑点,又不在紫外灯下显荧光,则应使用喷雾器将显色剂喷洒于滤纸上,进行显色处理。常见的喷雾器如图 11-7 所示。

图 11-7 喷雾器

四、定性和定量分析

随着薄层色谱法的发展,纸色谱法的应用逐渐减少,但由于其操作简单,某些物质的分析仍采用该法。

1. 定性分析

R_f 值是物质定性基础,在相同色谱条件下,具有相同 R_f 值的物质是同一物质。通常,将样品和对照品在同一滤纸上展开,如两者 R_f 值相同,则表示可能是同一物质。但是影响 R_f 值的因素较多,重现性差,因此常采用 Rs 值进行定性。

2. 定量分析

(1) 目测法 当只需要进行粗略定量时,可直接比较样品和对照品斑点的颜色深浅和面积大小,确定近似含量的多少。

(2) 剪洗法 与薄层色谱法的洗脱定量法相似,将事先已确定位置处的色斑剪下,用溶剂浸泡、洗脱后,再采用比色法或紫外分光光度法定量。

进度检查

一、填空题

1. 常见的展开方法有_____、_____和_____等。
2. 点样量一般为_____,如过多,展开后,易出现_____等现象。
3. 纸色谱法中常用的定量方法有_____和_____。
4. _____是物质定性基础,但是影响因素较多,重现性差,因此常采用_____进行定性。

二、判断题(正确的在括号内画"√",错误的画"×")

1. 若样点较少,可采用圆筒形滤纸进行展开。( )
2. 样品溶液宜分次点样,每次点样后用红外灯或电吹风迅速干燥,再点下一次。( )
3. 环形法是一种所需仪器简单、展开速度较快的方法。( )

三、简答题

简述纸色谱法中常见的三种展开方法的操作。

编号 FJC-98-03

学习单元 11-3　羟基乙酸比移值的测定

职业领域：化工、石油、环保、医药、冶金、建材、轻工。
工作范围：分析。
学习目标：掌握用纸色谱法测定羟基乙酸比移值的操作。
所需仪器、药品和设备

序号	名称及说明	数量
1	展开缸（高 25cm、直径 13cm）	1个
2	滤纸（宽 5cm、长 20cm）	1张
3	电子天平	1台
4	喷雾器	1个
5	吹风机	1把
6	内径 0.5mm 的平头毛细管（或微量注射器）	1根（个）
7	羟基乙酸样品	适量
8	甲酰胺（分析纯）	适量
9	丙酮（分析纯）	适量
10	正丁醇（分析纯）	适量
11	冰醋酸（分析纯）	适量
12	氢氧化钠（分析纯）	适量
13	溴酚蓝（分析纯）	适量
14	无水乙醇（分析纯）	适量

一、实验前的准备

1. 样品溶液的配制

用电子天平称取 1g 羟基乙酸样品，溶于 2～3mL 无水乙醇中，摇匀，即得样品溶液。

2. 滤纸的预处理

甲酰胺和丙酮以 2∶8 的比例（体积比）配制成适量固定液（约 20mL），将滤纸剪成宽 5cm、长 20cm 的条形，放入固定液中浸泡后，置于空气中晾干或用冷风吹干。

3. 展开缸的准备

正丁醇、冰醋酸和水以 12∶3∶5 的比例（体积比）配制成适量展开剂（约 50mL），倒入展开缸中，密闭 10min，使展开剂挥发，展开剂蒸气饱和展开缸。

4. 显色剂的准备

30% 氢氧化钠溶液：称取 30g 氢氧化钠，加水溶解，配成 100mL 即得。

0.06% 溴酚蓝乙醇溶液：称取溴酚蓝 0.06g，加无水乙醇溶解，配成 100mL 即得。

将 0.25mL 30% 氢氧化钠溶液加入 0.06% 溴酚蓝乙醇溶液中，溶液由红色变为蓝色即得。

二、点样

用铅笔在距离滤纸一端2cm处轻轻画上一条直线作为起始线,因本实验要求点两个相同的样点,所以在线上标记两个符号作为样点的位置(距离两侧边缘1cm,点与点之间相隔1.5~2cm)。用内径0.5mm的平头毛细管(或微量注射器)吸取适量样液,点于相应的位置上,边点边使用吹风机吹干(如图11-8)。

三、展开

点样完成后,将滤纸挂在展开缸的悬钩上,待滤纸被展开剂蒸气饱和10min后,将滤纸向下移动,使滤纸浸入展开剂中约0.5cm,进行展开。待展开剂前沿扩展至距离滤纸上端1~2cm处时,取出滤纸,并用铅笔在展开剂前沿做好标记,用冷风吹干或晾干(如图11-9)。

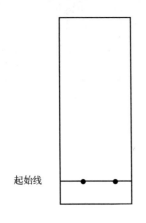

图11-8 点样示意图

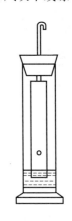

图11-9 展开示意图

四、显色

将显色剂盛装于喷雾器中,待展开剂挥发完全后,将显色剂均匀喷洒在滤纸上,于80℃以下烘干,应显现出黄色的样品斑点。

五、R_f值的计算

用铅笔画出两个黄色斑点的轮廓,量出原点到斑点中心的距离和原点到溶剂前沿的距离,按式(11-1)进行计算。

进度检查

一、简答题

1. 滤纸应怎样进行预处理?
2. 点样操作的注意事项是什么?

二、操作题

测定羟基乙酸的R_f值。

检查:①点样操作是否正确;②展开操作是否正确;③显色操作是否正确;④是否会进

行 R_f 值的计算。

评分标准

纸色谱法技能考试内容及评分标准

一、考试内容
1. 纸色谱法的操作步骤
（1）实验前的准备。
（2）点样。
（3）展开。
（4）显色。
2. 结果处理
二、评分标准
1. 操作步骤（70分）
（1）实验前的准备。（15分）
每错一处扣5分。
（2）点样。（20分）
每错一处扣5分。
（3）展开。（20分）
每错一处扣5分。
（4）显色。（15分）
每错一处扣5分。
2. 结果处理（30分）
每错一处扣5分。

模块 12　薄层色谱法

编号 FJC-99-01

学习单元 12-1　薄层色谱法原理

职业领域：化工、石油、环保、医药、冶金、建材、轻工。
工作范围：分析。
学习目标：了解薄层色谱法的基本知识，掌握吸附剂和展开剂的选择原则。

薄层色谱法（thin layer chromatography）常用 TLC 表示，又称薄层层析法，是 20 世纪 50 年代从经典柱色谱法和纸色谱法的基础上发展起来的一种色谱技术，60 年代后，人们对薄层色谱法的标准化、规范化及扩大应用范围等方面进行了许多探究，使该方法日趋成熟。

薄层色谱法应用范围广泛，一方面可用于小量样品（几到几十微克，甚至 0.01 微克）的分离；另一方面若在制作薄层板时，把吸附层加厚加大，将样品点成一条线，又可进行样品的制备量分离。与后来发展起来的气相色谱法和高效液相色谱法比较，虽然在自动化程度、分辨率和重现性等方面有欠缺，但仍具有设备简单、操作方便、分离迅速、样品预处理简单、对被分离物质的性质无限制等特点，因此被广泛应用于化工、医药、环保等各个领域。

一、分类和原理

薄层色谱法是将适宜的固定相涂布于玻璃、塑料或金属板上，形成一均匀薄层，待点样、展开后，与适宜的对照物按同法所得的色谱图作对比，用以进行样品的鉴别、杂质检查或含量测定的方法。铺好固定相层的板称为薄层板，简称薄板。

按固定相和分离机制薄层色谱法可分为吸附薄层色谱法、分配薄层色谱法、离子交换薄层色谱法和分子排阻薄层色谱法等；按分离效能薄层色谱法又可分为经典薄层色谱法和高效薄层色谱法等。本单元主要介绍吸附薄层色谱法。

1. 吸附薄层色谱法

固定相为吸附剂的薄层色谱法称为吸附薄层色谱法。吸附薄层色谱法的分离原理可以简述如下：将 A、B 两组分的混合溶液点在用吸附剂（如硅胶或氧化铝等）铺制的薄层板的一端，在密闭的容器中用适宜的溶剂（展开剂）展开，此时 A、B 两组分不断地被吸附剂所吸附，又被展开剂所溶解而解吸，且随展开剂向前移动。由于吸附剂对 A 和 B 组分的吸附力大小不同，展开剂也对 A 和 B 组分有不同的溶解、解吸能力，因此当展开剂不断展开时，

A、B两组分在吸附剂和展开剂之间发生连续不断的吸附、解吸，较难被吸附的化合物相对移动得快一些，易被吸附的化合物相对移动得慢一些，从而产生差速迁移得到分离（如图12-1）。如果固定相为硅胶，则对极性大的组分吸附力强，对极性小的组分吸附力较弱。若组分固定，则极性强的展开剂的洗脱能力越强，推进组分向前移动的速度越快。吸附薄层色谱对影响吸附能的构型差别很敏感，因此很适合于异构体的分离。

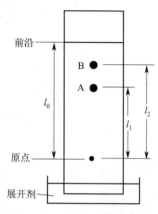

图 12-1　薄层展开示意图

2. 其他薄层色谱法

（1）分配薄层色谱法　利用样品中各组分在固定相与流动相之间的分配系数的差别而进行分离的薄层色谱法称为分配薄层色谱法。分配薄层色谱法的分离原理简述如下：当点样、展开后，物质在两相之间进行多次分配，由于各物质在两相（固定相和流动相）中的分配系数不同，因此移动的速度也不同，易溶于流动相的组分移动快，而在固定相中溶解度大的组分就移动慢，从而使各组分得到分离。分配薄层色谱对溶解度的差别很敏感，因此适合于同系物的分离。一般情况下，分配薄层色谱的固定相是液体。根据固定相和流动相极性的相对强弱，分配薄层色谱法可分为正相和反相两类。展开剂的极性比固定相的极性弱时，称为正相分配薄层色谱，这种展开方式称为正相展开；反之，则称为反相分配薄层色谱。

（2）离子交换薄层色谱法　用离子交换纤维制成薄层，利用离子交换剂对不同物质的亲和力的不同而进行分离的薄层色谱法称为离子交换薄层色谱法。

（3）分子排阻薄层色谱法　在凝胶过滤薄层上（以网状结构的凝胶作固定相），利用分子筛作用的分离机理，使分子量大小不同的物质得以分离的薄层色谱法称为凝胶薄层色谱法，又称为分子排阻薄层色谱法。

二、常用的吸附剂及其选择

1. 常用的吸附剂

吸附薄层色谱法的固定相为吸附剂，常用的吸附剂有硅胶、氧化铝和聚酰胺等。通常，对薄层用的吸附剂有一定要求，如有较大的表面积和适当的吸附能力；与待分离物质、溶剂及展开剂中的各组分不发生化学反应；在所用展开剂中不溶解；粒度大小适宜等。

（1）硅胶　硅胶是常见的吸附剂，通常用 $SiO_2 \cdot xH_2O$ 表示，是具有骨架状结构的多孔性聚合物。硅醇基是使硅胶具有吸附活性的基团，以三种形式存在于硅胶表面（如图12-2）：游离羟基（Ⅰ）、键合羟基（Ⅱ）和键合活性羟基（Ⅲ）。

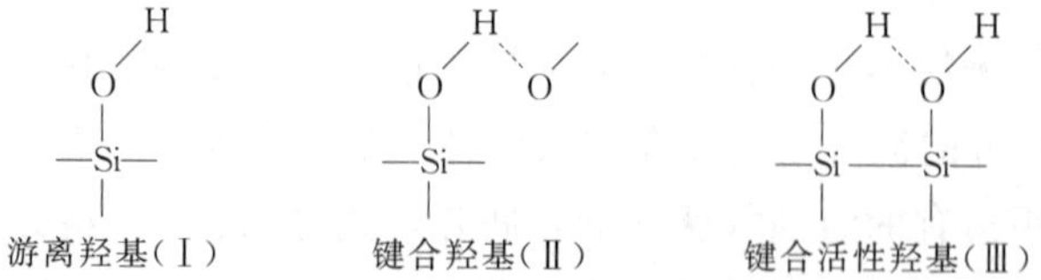

图 12-2　硅醇基的三种存在形式

这三种存在形式的吸附活性大小为Ⅲ＞Ⅰ＞Ⅱ，但从分离性能看，以游离羟基（Ⅰ）形式的硅胶较好，所以大孔径硅胶的表面以游离羟基为主。用酸（如盐酸）反复浸泡或洗涤硅胶，可使硅胶表面羟基化而提高分离性能。

硅胶表面的硅醇基能吸附水分而成为水合硅醇基。硅胶含水量的高低可影响其吸附能力，若硅胶含水量较高则活性降低，吸附力减弱。硅胶活性和含水量的关系见表12-1。

表12-1 硅胶活性与含水量关系

硅胶活性等级	含水量/%
Ⅰ	0
Ⅱ	5
Ⅲ	15
Ⅳ	25
Ⅴ	38

硅胶活性的大小顺序为Ⅰ级＞Ⅱ级＞Ⅲ级＞Ⅳ级＞Ⅴ级。为使硅胶具有较好的吸附力，一般将其在105～110℃加热30min，使其吸附力增强，这一过程称为"活化"。但若加热温度过高会引起硅胶结构的变化而明显降低其吸附效果，影响使用价值。

薄层色谱常用的硅胶有硅胶H、硅胶G和硅胶HF_{254}等。硅胶H是不含黏合剂的硅胶，在铺制硬板时需另加入黏合剂；硅胶G是硅胶和煅石膏混合而成的；硅胶HF_{254}不含黏合剂，但含有一种荧光剂，在254nm紫外光照射下呈强烈黄绿色荧光背景，可用于本身不发光且不易显色的物质的研究。

（2）氧化铝　薄层色谱用氧化铝有碱性、中性和酸性三种，以中性氧化铝使用最多。碱性氧化铝（pH 9～10）适用于分离碱性（如生物碱）和中性化合物，对酸性物质则无法进行分离；酸性氧化铝（pH 4～5）适用于分离酸性物质（如某些氨基酸、酸性色素等）；中性氧化铝适用范围广泛，酸性、碱性氧化铝能分离的化合物，中性氧化铝也能进行分离，如生物碱、挥发油、萜类、甾体，以及在酸、碱中不稳定的苷类、酯、内酯等化合物。

关于氧化铝表面的吸附机制，人们的认识还不尽相同，有人认为是因为氧化铝的表面吸附水分子后形成铝羟基，由于这些羟基的氢键作用而能吸附其他物质。

氧化铝的活性与含水量密切相关，含水量高，活性低，吸附力弱；若含水量较高则活性降低，吸附力减弱。氧化铝活性和含水量的关系见表12-2。

表12-2 氧化铝活性与含水量关系

氧化铝活性等级	含水量/%
Ⅰ	0
Ⅱ	3
Ⅲ	6
Ⅳ	10
Ⅴ	15

氧化铝活性的大小顺序为Ⅰ级＞Ⅱ级＞Ⅲ级＞Ⅳ级＞Ⅴ级。在适当的温度下加热，除去氧化铝中的水分可使其吸附能力增强（称为活化）。一般将待活化的氧化铝铺在铝盘中，厚度为2～3cm，在400℃左右恒温6h，即可活化。

（3）聚酰胺　聚酰胺是由酰胺聚合而成的高分子化合物，在薄层色谱中用的是聚己内酰胺，其结构如图 12-3 所示。

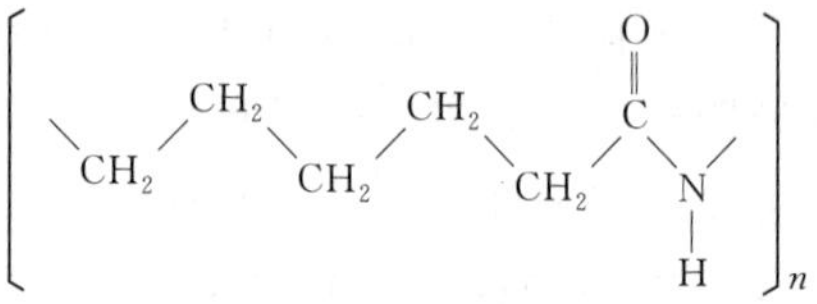

图 12-3　聚己内酰胺的结构

薄层色谱用聚酰胺是白色多孔的非晶形粉末，不溶于水和一般有机溶剂，但易溶于浓盐酸、酚、甲酸等。聚酰胺分子内存在许多酰胺基，这些基团能与酚类、酸类、硝基化合物、醌类等形成氢键。由于聚酰胺与这些化合物形成氢键的能力不同，吸附力也就不同，各类物质因此而得到分离。一般情况下，含有能形成氢键基团越多的化合物，其吸附能力越强。

2. 吸附剂的选择

在薄层色谱中用的吸附剂的颗粒大小对展开速度、R_f 值和分离效果都有明显的影响。颗粒太大，会使展开速度快，展开后斑点较宽、分离效果差；反之，则展开速度太慢往往产生拖尾，且不宜用于干法铺板。通常，对于吸附剂颗粒的大小有两种表示方式：一种为颗粒直径（以 μm 表示），另一种为筛子单位面积的孔数（以目表示）。一般情况下，湿法铺板所用吸附剂颗粒直径为 10～40μm（250～300 目），干法铺板所用吸附剂颗粒直径为 75～100μm（150～200 目）。因此，应该选用颗粒大小适宜的吸附剂，否则会导致制成的薄层板不均匀，从而影响分离效果。

三、展开剂的选择

在吸附薄层色谱法的条件选择中，最主要的是进行展开剂的选择，而展开剂的选择与待分离化合物的极性和吸附剂的活度有关（如图 12-4）。一般原则如下：分离极性较强的组分时，宜选用活性低的薄层板，并用极性大的展开剂展开，否则会使组分的 R_f 值偏小，分离效果不好；反之，则选用活性高的薄层板，用极性弱的展开剂来展开，否则又会使组分的 R_f 值偏大，分离效果也不好。

实验过程中，通常是先用单一溶剂进行展开，然后根据被测组分 R_f 值的大小进行调整。如被测组分的 R_f 值偏大，则应适当降低展开剂的极性；如被测组分的 R_f 值偏小，则应适当加入一定比例极性大的溶剂，增加展开剂的极性。在薄层色谱分离中，待测组分的 R_f 值要求在 0.3～0.8 之间，R_f 值之间相差 0.05 以上，否则易出现斑点重叠的现象。

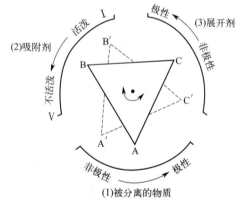

图 12-4　化合物的极性、吸附剂的活度和展开剂极性间的关系

进度检查

一、填空题

1. 固定相为吸附剂的薄层色谱法称为_____。

2. 吸附薄层色谱法中，常用的吸附剂有_____、_____和_____等。

3. 硅胶含水量的高低可影响其吸附能力，若硅胶含水量较高则使活性_____，吸附力_____。

4. 在薄层色谱分离中，待测组分的 R_f 值要求在_____之间，R_f 值之间相差_____以上，否则易出现斑点重叠的现象。

5. 展开剂的选择与_____和_____有关。

二、判断题（正确的在括号内画"√"，错误的画"×"）

1. 将硅胶在 105～110℃加热 30min，使其吸附力增强，这一过程称为"活化"。（　　）

2. 吸附剂的颗粒太大，会使展开速度慢，展开后斑点较宽，分离效果差。（　　）

三、简答题

1. 展开剂选择的一般原则是什么？

2. 氧化铝如何进行活化？

编号 FJC-99-02

学习单元 12-2　薄层色谱法的操作

职业领域：化工、石油、环保、医药、冶金、建材、轻工
工作范围：分析
学习目标：掌握薄层色谱法的基本操作。
所需仪器、药品和设备

序号	名称及说明	数量
1	电热恒温干燥箱	1台
2	玻璃板	1块
3	涂布器	1个
4	干燥器	1个
5	平头毛细管（或微量注射器）	1根(个)
6	薄层展开缸	1个
7	喷雾器	1个

一、薄层板的制备

载板通常采用玻璃板，为了使吸附剂能均匀地涂铺于载板上，对板的要求是光滑、平整、清洁。所以玻璃板在使用前应洗净，一般先用洗涤剂浸泡，再用自来水冲洗，最后用蒸馏水冲洗干净，晾干备用。玻璃板的大小，应根据实验需要而定。

根据薄板中是否加黏合剂，将薄板分为软板（不加黏合剂）和硬板（加黏合剂）。软板一般只用于摸索薄层色谱的展开条件。

1. 干法铺板

不加黏合剂的铺板方法称为干法铺板，是最简单的铺板方法。具体操作为将吸附剂置于玻璃板的一端，另取一根比玻璃板宽度稍宽的玻璃管，在其两端比板的宽度略窄处套上一段乳胶皮管，乳胶皮管的厚度决定所铺薄层的厚度；然后从放置有吸附剂的这一端开始，用力均匀地向前推挤，中途不能停顿，移动速度不宜过快，否则铺出的薄层不均匀，影响实验的效果（如图 12-5）。

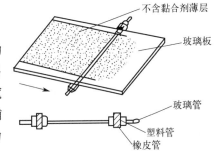

图 12-5　干法铺板示意图

本法只适用于氧化铝和硅胶，虽然操作简便，但铺好的薄层不够坚固、易松散，展开时只能近水平展开，显色时易被吹散，因此在操作时要特别小心、细致。

2. 湿法铺板

加黏合剂的铺板方法称为湿法铺板，是最常用的铺板方法。铺板方法有：

模块 12　薄层色谱法　　195

（1）倾注法　取适量调制好的吸附剂糊倾注于玻璃板上，用洗净的玻璃棒涂铺成均匀的薄层，在水平的工作台上轻轻振动，使薄层表面光滑平整，自然晾干后放入烘箱活化。

（2）平铺法　又称刮板法，先将适当大小的玻璃平板放置在水平工作台上，再在此板上放置准备好的载板，并在载板两边分别放上两块玻璃条做成框边（框边的厚度稍高于中间载板0.25~1mm），将吸附剂糊倾倒在载板上，用一块边缘平整的玻璃片或塑料板从一端刮向另一端，将吸附剂刮平，自然晾干后放入烘箱活化（如图12-6）。

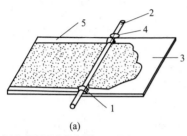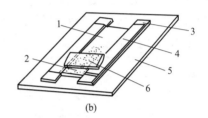

(a)
1—调节薄层厚度的塑料环（厚度0.3~1.0mm）；
2—均匀直径的玻璃棒；3—玻璃板；
4—防止玻璃滑动的环；5—薄层吸附剂

(b)
1—涂层用的玻璃板；2—薄层浆；3—推刮薄层用的玻璃片或刀片；4—调节薄层厚度的薄玻璃板；
5—垫薄玻璃板用的长玻璃；6—台面玻璃

图12-6　湿法铺板示意图

（3）机械涂铺法　上述两种方法所铺制的薄层板只适宜于一般定性分离，不宜用于定量分离，当需要制备一定规格的定量薄层板时，应采用机械涂铺法。用涂铺器可一次铺成多块板，且所得板的质量高、分离效果和重现性好。

薄板活化后，对光检查应表面光洁平整、没有气泡和裂纹，之后置于干燥器内备用。

二、点样

1. 样品溶液的准备

薄层板的制备

溶解样品时，应尽量避免使用水作溶剂，否则点样后斑点易扩散，且不易挥发。一般选用与展开剂极性相似的有机溶剂，通常使用甲醇、乙醇、丙酮、氯仿等。

2. 操作方法

与纸色谱法相同，在距离薄板一端1.5~2cm处用铅笔轻轻画出一条直线，作为点样基线，并在线上做出点样位置的记号。用内径为0.5mm的管口平整的玻璃毛细管或平口的微量注射器，吸取规定量的样品溶液，轻轻接触薄层表面，将样品点于做好记号的位置上，样点的直径在2~3mm，样点之间的距离约为2cm。若样品溶液的浓度较稀，可反复点几次，但每次点样后须吹干后再点下一次。点样量一般是1~2μL（含样品几至几十微克），如点样量过多，则会出现展开后斑点过大或拖尾等现象。当进行定量分析时，要求点样量准确且重现性好。

三、展开

1. 展开方式

薄层色谱须在密闭容器内进行展开，根据薄板的形状、性质选用不同的展开方式和展开缸。软板的展开常采用近水平的展开方式；而硬板常采用上行法展开；当被分离的样品比较复杂时，可采用双向展开、多次展开等其他展开方式，以获得最佳的分离效果（如图12-7）。

近水平展开是将点样后的薄板下端浸入展开剂中,把上端垫高,使薄板与水平方向成适当的角度(一般约15°~30°),展开剂借毛细作用自下而上展开。

上行单向展开是将点样后的薄板斜靠于盛有展开剂的直立型展开槽中,展开剂借毛细作用沿着薄板缓慢上升而展开。

双向展开是将样品点在薄板的某一方向的端部,浸入展开剂进行展开,待展开剂干燥后,再在垂直于第一次展开的方向上用另一种不同的展开剂进行第二次展开的方式(如图12-8)。

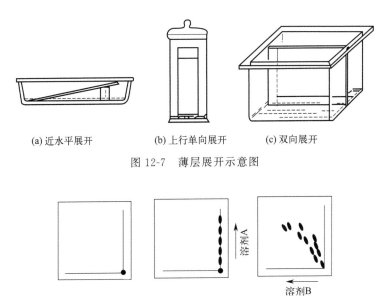

(a) 近水平展开　　(b) 上行单向展开　　(c) 双向展开

图12-7　薄层展开示意图

图12-8　双向展开法

2. 操作方法

将展开剂倒入容器内,密闭,待展开剂的蒸气饱和后,放入薄板,当展开至规定距离(通常为薄板长度的3/4左右),取出,并在前沿做好标记,晾干。硬板可烘干或使用电吹风吹干。

使用混合溶剂作展开剂时,其蒸气饱和程度会影响样品的色谱行为,使靠近薄层边缘处斑点的R_f值与中心区域斑点的R_f值有差异,出现边缘效应(如图12-9)。

若容器中的展开剂蒸气未达到饱和,在展开的过程中,极性弱的沸点低的溶剂在薄板边缘易挥发,使展开剂在薄层边缘和中心的组成不同。

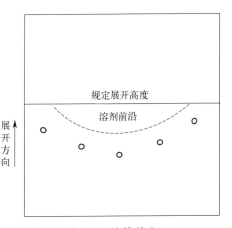

图12-9　边缘效应

边缘部分的展开剂中极性溶剂的比例增大,使斑点的R_f值变大;相反,则中心部分斑点的R_f值变小。解决此效应的关键是使容器中的展开剂蒸气饱和,可在展开缸的内壁贴两条与缸一样高和宽的滤纸条,并将其一端浸入展开剂中,密闭,则展开剂蒸气的饱和速度加快。

四、显色

展开后,先观察有无色斑,然后将薄板置于紫外灯下观察,如产生荧光斑点,则标记斑点的位置和大小,并记录荧光的颜色和强度;如斑点既不显色又不显荧光,则应喷洒合适的显色剂显色。软板的显色还可选用侧吮法和压板法。

薄层点样与展开

五、定性和定量分析

1. 定性

在固定的色谱条件下,相同的物质具有相同的 R_f 值。常用已知物对照法进行定性判断,即将样品和对照品在同一薄板上展开,比较两者的 R_f 值,如相同,则表示两者可能是同一物质。因影响 R_f 值的因素较多,所以当对未知样品进行鉴别时,最好采用相对比移值(Rs)进行定性判断。

薄层显色

2. 定量

(1)目视定量法 将一系列已知浓度的对照品溶液和样品溶液点在同一薄板上,展开显色后,以目视的方式直接比较样品斑点和对照品斑点的颜色深浅或面积大小,从而近似判断出样品中待测组分的含量。

(2)洗脱定量法 样品和对照品在同一薄板上分离后,对样品斑点进行定位后,将斑点区域连同吸附剂一起刮下,用溶剂将斑点中的组分洗脱下来,再用适当的方法进行定量测定。采用显色剂定位时,可在样品斑点两侧点上待测组分的对照品作定位标记,展开后,将样品斑点用玻璃板挡住,只对对照品斑点喷洒显色剂,由对照品斑点的位置来判断样品中待测组分的位置。

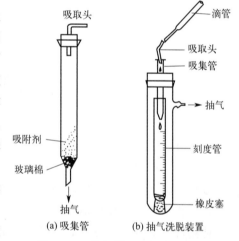

图 12-10 软板样品的收集和洗脱

软板可用捕集器吸取含斑点组分的吸附剂,然后进行提取定量(如图 12-10)。

(3)薄层扫描仪定量 用一定波长、一定强度的光束照射在分离组分的色斑上,用薄层扫描仪进行扫描,仪器用对照品校正后,即可测得色斑中组分的含量。随着仪器的不断发展和完善,本法已经成为薄层色谱的主要定量方法。

进度检查

一、填空题

1. 根据薄板中是否加黏合剂,将薄板分为_____和_____。
2. 湿法铺板的方法有_____、_____和_____。
3. 在固定的色谱条件下,相同的物质具有相同的_____。

4. 薄层色谱法中，定量分析的方法包括_____、_____和_____。

二、判断题（正确的在括号内画"√"，错误的画"×"）

1. 目视定量法是薄层色谱的主要定量方法。 （   ）
2. 溶解样品时，应尽量避免使用水作溶剂，否则点样后斑点易扩散，且不易挥发。
 （   ）

三、简答题

1. 简述如何进行点样的操作？
2. 边缘效应是如何产生的？怎样消除？

编号 FJC-99-03

学习单元 12-3　异烟肼中游离肼的检查

职业领域： 化工、石油、环保、医药、冶金、建材、轻工。
工作范围： 分析。
学习目标： 掌握异烟肼中游离肼检查的操作。
所需仪器、药品和设备

序号	名称及说明	数量
1	烘箱	1台
2	干燥器	1个
3	研钵	1个
4	分析天平	1台
5	展开缸（高25cm、直径13cm）	1个
6	玻璃板（宽10cm，长20cm）	1块
7	吹风机	1个
8	内径0.5mm的平头毛细管（或微量注射器）	1根（个）
9	喷雾器	1个
10	硅胶G	适量
11	异烟肼样品	适量
12	硫酸肼	适量
13	异丙醇	适量
14	丙酮	适量
15	对二甲氨基苯甲醛	适量
16	无水乙醇	适量

一、实验前的准备

1. 薄层板的制备

取硅胶G和水适量，倒入研钵中，向一个方向研磨混合，调和均匀，除去表面气泡后，用倾注法、平铺法或机械涂铺法铺板（要求薄层厚度为0.25~0.5mm）。将铺好的薄板放置于水平台面上，在室温下晾干后，再放入烘箱内，在110℃的条件下烘30min。冷却后，取出薄板，对光检查，薄层表面应均匀平整、无气泡和杂质，置于干燥器内备用（也可直接购买商品硅胶G预制板使用）。

2. 供试品溶液、对照品溶液和系统适用性溶液的配制

（1）溶剂　丙酮-水（1∶1）。

（2）供试品溶液的配制　取异烟肼样品适量，加溶剂溶解并定量稀释制成每1mL中约含0.1g的溶液。

（3）对照品溶液的配制　取硫酸肼对照品适量，加溶剂溶解并定量稀释制成每1mL中

约含 80μg（相当于游离肼 20μg）的溶液。

（4）系统适用性溶液的配制　取异烟肼与硫酸肼各适量，加溶剂溶解并稀释制成每 1mL 中分别含异烟肼 0.1g 与硫酸肼 80μg 的混合溶液。

3. 展开缸的准备

异丙醇和丙酮以 3∶2 的比例（体积比）配制成适量展开剂（约 50mL），倒入展开缸中，密闭 10min，使展开剂挥发，展开剂蒸气饱和展开缸。

4. 显色剂（乙醇制对二甲氨基苯甲醛试液）的配制

称取对二甲氨基苯甲醛 1g，加入乙醇 9.0mL 和盐酸 2.3mL，再加入无水乙醇至 100mL 即得。

二、点样

用铅笔在距离薄板一端 2cm 处轻轻画上一条直线作为起始线，并在线上标记三个符号作为点样的位置（距离两侧边缘 1cm，点与点之间相隔 1.5～2cm）。用内径 0.5mm 的平头毛细管（或微量注射器）分别吸取供试品溶液、对照品溶液和系统适用性溶液各 5μL，点于相应的位置上，边点边用吹风机吹干（如图 12-11）。

三、展开

将点样后的薄板放入展开缸内，浸入展开剂中 0.5～1.0cm（注意不要将样点浸入展开剂中），进行展开，待展开剂扩散至规定距离（约 10～15cm），取出薄板，并用铅笔在展开剂前沿做好标记，用冷风吹干或晾干（如图 12-12）。

图 12-11　点样示意图

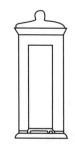

图 12-12　展开示意图

四、显色

将显色剂盛装于喷雾器中，待展开剂挥发完全后，将显色剂均匀喷洒在薄板上，待 15min 后检视。

五、结果判断

① 系统适用性要求：系统适用性溶液所显示游离肼与异烟肼的斑点应完全分离，游离肼的 R_f 值约为 0.75，异烟肼的 R_f 值约为 0.56。

② 在供试品主斑点前方与硫酸肼（对照品）斑点相应的位置上，不得显黄色斑点，即

异烟肼中不得检出游离肼（硫酸肼作标准）。

进度检查

一、简答题
1. 薄板应怎样进行铺制？
2. 点样操作的注意事项是什么？

二、操作题
异烟肼中游离肼的检查

检查：①铺板操作是否正确；②点样操作是否正确；③展开操作是否正确；④显色操作是否正确；⑤是否会进行结果的判断。

评分标准

薄层色谱法技能考试内容及评分标准

一、考试内容
1. 薄层色谱法的操作步骤
（1）实验前的准备。
（2）点样。
（3）展开。
（4）显色。
2. 结果处理

二、评分标准
1. 操作步骤（80分）
（1）实验前的准备。（25分）
每错一处扣5分。
（2）点样。（20分）
每错一处扣5分。
（3）展开。（20分）
每错一处扣5分。
（4）显色。（15分）
每错一处扣5分。
2. 结果判断（20分）
每错一处扣5分。

模块 13　高效液相色谱法

编号 FJC-100-01

学习单元 13-1　高效液相色谱法的基本知识

职业领域：化工、石油、环保、医药、冶金、建材、轻工。
工作范围：分析。
学习目标：了解高效液相色谱法的分类和特点，掌握高效液相色谱法的分离原理和影响因素。

一、高效液相色谱法的特点

以液体作流动相的色谱法称为液相色谱法。采用普通规格的固定相及流动相常压输送进行组分分离的液相色谱法称为经典液相色谱法。20 世纪 60 年代末，在经典液相色谱法的基础上，引入气相色谱法的理论和实验方法，采用高压泵输送液体流动相，该色谱法称为高效液相色谱法（high performance liquid chromatography，HPLC）。

与经典液相色谱法比较，主要区别在于采用分离效能高的固定相（填充剂）、高压输送流动相、具有灵敏度高的在线检测器和仪器联动化等。所以高效液相色谱法具有分离效能高、分析速度快、应用广泛和柱子可反复使用等特点。因此，人们又称其为高速液相色谱法、高压液相色谱法、高分辨液相色谱法等。

与气相色谱法比较，高效液相色谱法具有以下三个方面的特点：

① 应用范围广：气相色谱法主要用于分析易挥发、热稳定性好的化合物，但是仅占有机物总数的 20% 左右；而高效液相色谱法分析对象广泛，只要样品能溶解制成溶液，就能进行分析。

② 操作温度低：气相色谱法需要在较高温度下进行分离；而高效液相色谱法一般在室温下进行分离分析，操作方便。

③ 流动相种类多：气相色谱法用气体作为流动相，载气种类少，它和样品组分之间没有相互作用力，仅起运载作用；高效液相色谱法以液体为流动相，种类多，可供选择范围广，且流动相和组分之间有亲和作用力，因此改变流动相可提高分离的选择性，改善分离度。

二、高效液相色谱法的类型和分离原理

（一）液-液分配色谱法

流动相和固定相都是液体的色谱法称为液-液分配色谱法（liquid-liquid partition chromatography，LLC）。由于流动相和固定相互不相溶，则样品组分溶于流动相后，在色谱柱内进入固定相溶液中，组分在两相间进行分配，达平衡后，可用式（13-1）表示：

$$K=\frac{c_s}{c_m} \tag{13-1}$$

式中　K——分配系数；
　　　c_s——组分在固定相中的浓度；
　　　c_m——组分在流动相中的浓度。

在实际工作中，也常使用分配比（k）这个表征色谱分离过程的参数。

$$k=\frac{n_s}{n_m}=\frac{m_s}{m_m} \tag{13-2}$$

$$K=\frac{c_s}{c_m}=\frac{m_s/V_s}{m_m/V_m}=k\frac{V_m}{V_s}=k\beta \tag{13-3}$$

式中　k——分配比；
　　　K——分配系数；
　　　n_s——组分在固定相中的物质的量；
　　　n_m——组分在流动相中的物质的量；
　　　m_s——组分在固定相中的质量；
　　　m_m——组分在流动相中的质量；
　　　V_s——色谱柱中固定相体积；
　　　V_m——色谱柱中固定相体积；
　　　β——相比，是反映各种色谱柱柱型特点的参数。

可见，被分离的组分由于在流动相和固定相中溶解度不同而分离，本法的分离过程是一个分配平衡过程。

根据固定相和流动相极性的差异，将液-液分配色谱法分为正相色谱法（NPC）和反相色谱法（RPC）两类。流动相极性小于固定相的液-液色谱法称为正相液-液色谱法，洗脱时，因为极性小的组分在固定相中的溶解度小，会先流出色谱柱，反之，极性大的组分后流出。流动相极性大于固定相的液-液色谱法称为反相液-液色谱法，洗脱的情况刚好和正相色谱相反。所以液-液分配色谱法既可用于极性组分的分离，也可用于弱极性组分的分离。

（二）液-固吸附色谱法

流动相为液体，固定相为固体吸附剂的色谱法，称为液-固吸附色谱法（liquid-solid adsorption chromatography，LSC）。被分离组分分子（溶质分子 X）和流动相分子（溶剂分子 S）相互争夺吸附剂表面的活性中心，如溶质分子被吸附，则会取代吸附剂表面上的溶剂分子，当竞争达到平衡时，可用式（13-4）表示：

$$K=\frac{[X_a][S_m]^n}{[X_m][S_a]^n} \tag{13-4}$$

式中　K——吸附平衡常数；
　　　X_m——在流动相中的溶质分子；

X_a——被吸附在吸附剂表面上的溶质分子；

S_m——在流动相中的溶剂分子；

S_a——被吸附在吸附剂表面上的溶剂分子；

n——被吸附的溶剂分子数。

可见，某组分的 K 值越大，吸附剂对其吸附能力越强，保留值越大，保留时间越长。各组分在色谱柱（填充吸附剂）上的分离是一个吸附-解吸附的平衡过程，由于吸附剂对各组分的吸附力大小不同而分开。一般以有机溶剂为流动相，采用微粒型硅胶柱，分离非极性或弱极性的有机物质。

（三）离子交换色谱法

采用离子交换树脂作为固定相的色谱法，称为离子交换色谱法（ion-exchange chromatography，IEC）。样品中可电离的组分电离，所产生的离子与离子交换树脂上带相同电荷的离子（反离子）进行可逆交换，达平衡后，以阴离子为例，可用式（13-5）表示：

$$K_x = \frac{[-NR_4^+ X^-][Cl^-]}{[-NR_4^+ Cl^-][X^-]} \tag{13-5}$$

式中　K_x——交换平衡常数；

$-NR_4^+$——树脂上固定离子基团；

Cl^-——树脂上可交换离子基团；

X^-——样品溶液电离后产生的阴离子。

可见，K_x 值越大，电离出的阴离子（X^-）与树脂上固定离子基团（$-NR_4^+$）亲和力越大，保留值越大，保留时间越长。离子交换色谱法中交换树脂上可电离离子与流动相中具有相同电荷的离子进行可逆交换，由于各离子与离子交换基团具有不同的亲和力从而分离，可用于分析在溶液中能电离的样品。

（四）空间排阻色谱法

以惰性多孔性凝胶作为固定相的色谱法是空间排阻色谱法（steric exclusion chromatography，SEC），又称凝胶色谱法。由于样品中各组分体积大小不同，体积大的组分不能进入凝胶空穴中，而被排斥在外，直接流出色谱柱；体积较小的组分可渗入或部分渗入空穴，则在色谱柱上保留一段时间后才流出，从而得到分离。由于分子的体积一般随着分子量的增加而增大，故可用分子量来表示分子体积的大小。

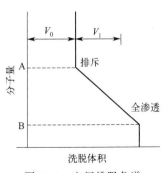

图 13-1　空间排阻色谱分离示意图

空间排阻色谱法分离情况如图 13-1 所示，由图可知，分子量大于 A 的物质，均被排斥在凝胶孔外，不被保留，洗脱时的保留体积等于柱的死体积 V_0，所以 A 被称为排阻极限；分子量小于 B 的物质，均可以完全渗透进入凝胶空穴内，保留时间最长，最后被同时洗脱出来，所以 B 被称为渗透极限。只有分子量介于 A 和 B 之间的物质，将按分子量的大小顺序被洗脱分离出来，分子量较大者先流出，较小者后流出。

空间排阻色谱法根据流动相和固定相性质的不同，分为凝胶渗透色谱法和凝胶过滤色谱法。固定相为疏水性凝胶，流动相为非水溶剂的色谱法，称为凝胶渗透色谱法（gel permeation chromatography，GPC）；固定相为亲水性凝胶，流动相为水系溶剂的色谱法，称为凝胶过滤色谱法（gel filtration chromatography，GFC）。

空间排阻色谱法适宜于分离分子量大的物质（约为2000以上），但分子量为$100 \sim 8 \times 10^5$，能溶于流动相的物质均可使用本法可进行分离。分离样品时，一般要求组分之间的分子量差别在10%以上，对于大小相似、分子量相近的物质很难进行分离。

三、液相色谱的固定相和流动相

对于各种分离模式的液相色谱法，它们所选用的固定相和流动相是不同的，所以合理选用两相是对样品进行分离分析的关键。

（一）固定相

色谱柱中的固定相（填充剂、填料）是高效液相色谱的重要组成部分，它直接关系到柱效和分离度。

1. 液-液分配色谱固定相

液-液分配色谱固定相由固定液和载体构成，按固定液的涂渍方式分为两种，机械涂层固定相和化学键合相。由于机械涂层固定相在使用时其固定相易流失，已基本淘汰。

因化学键合相具有官能团不易流失、化学性能稳定、热稳定性好、载样量大、可用于梯度洗脱等优点，所以该固定相在高效液相色谱法中占有极重要的地位。常有以下几种：

（1）十八烷基键合相　将无定形微粒硅胶和堆积硅胶的表面用硅烷化试剂进行化学处理，键合上十八烷基后得到的固定相。常见粒度有$3\mu m$、$5\mu m$和$10\mu m$。这类固定相应用广泛，适合分离各种非极性或弱极性的物质。

（2）苯基键合相　这类固定相的性能与十八烷基键合相相似，不过极性稍强，通常作为十八烷基键合相的补充，用于弱极性物质的分离。

（3）氰基键合相　在无定形微粒硅胶和堆积硅胶的表面进行化学处理后，键合上氰基得到的一种正相色谱键合固定相。由于其极性较强，通常用于极性和中极性物质的分离。

（4）氨基键合相　这类固定相极性较强，性能与氰基键合相类似，常用于极性物质的分离，也可作正相色谱或弱阳离子交换剂使用。

（5）醚基键合相　这类固定相呈极性，作正相色谱用。

2. 液-固吸附色谱固定相

液-固吸附色谱常用的固定相有硅胶、高分子多孔微球（有机胶）、氧化铝、分子筛、聚酰胺等吸附剂。其中直径$5 \sim 10\mu m$的全多孔型硅胶微粒较为常用。

（1）硅胶　有表孔硅胶、无定形全多孔硅胶、球形全多孔硅胶、堆积硅胶等类型(图13-2)。

因表孔硅胶的粒度较大、柱效低，现已淘汰。无定形全多孔硅胶国内代号为YWG，近似球形，粒径一般为$5 \sim 10\mu m$，具有价格便宜、柱效高、载样量大等优点，但有柱渗透性差等缺点。球形全多孔硅胶国内代号为YQG，粒径一般为$3 \sim 10\mu m$，除具有无定形全多孔硅胶的优点外，还具有柱渗透性好等优点。堆积硅胶由二氧化硅溶胶加凝结剂后聚结而成，

(a) 表孔硅胶　　(b) 无定形全　　(c) 球形全　　(d) 堆积硅胶
　　　　　　　　　多孔硅胶　　　多孔硅胶

图 13-2　各种类型硅胶示意图

常用粒径为 3~5μm，理论塔板数高，载样量大，是一种较理想的高效能填料。

(2) 高分子多孔微球　又称有机胶，国产产品代号为 YSG，常见的有机胶为苯乙烯和二乙烯苯交联形成的，可用于分离芳烃、杂环、甾体、生物碱、脂溶性维生素、芳胺、酚、酯、醛、醚等物质。多数认为其分离机制属于吸附作用，也有人认为吸附、分配及空间排斥作用兼有。

3. 离子交换色谱固定相

离子交换色谱的固定相为离子交换剂，分为离子交换树脂和键合型离子交换剂两类。

(1) 离子交换树脂　以高分子聚合物（如苯乙烯-二乙烯苯共聚物）为基体，通过化学反应在其骨架上引入离子交换基团而生成。在高效液相色谱法中，由于这种固定相具有膨胀性、不耐压、传质阻抗大等缺点，基本上已不使用。

(2) 键合型离子交换剂　以薄壳玻璃珠或微粒硅胶为基体，在其表面化学键合上所需的离子交换基团而生成，因此可分为键合薄壳型和键合微粒担体型。这两种类型的离子交换剂又可分为阴离子型和阳离子型两类。如进一步按离子交换功能团酸碱性划分，可分为强酸性、强碱性、弱酸性和弱碱性四种类型。由于强酸性和强碱性离子交换剂的稳定性更好些，pH 适用范围更宽些，因此在高效液相色谱法中使用较广泛。

4. 空间排阻色谱固定相

空间排阻色谱的固定相是多孔性凝胶，凝胶是经过交联且具有立体多孔网状结构的多聚体，分为软质、半硬质和硬质三类。

(1) 软质凝胶　如葡聚糖凝胶、琼脂糖凝胶等，在压强 0.1MPa 左右即会被压坏，因此只能用于常压下的凝胶色谱法。

(2) 半硬质凝胶　这类凝胶是由苯乙烯和二乙烯基交联而成的聚合物，具有耐压、柱效高等优点，是目前应用最多的凝胶。

(3) 硬质凝胶　如多孔硅胶、多孔玻璃微球等，属于无机凝胶。其优点是在溶剂中不变形、孔径尺寸固定、溶基互换性好；缺点是装柱时易碎、柱效差。其中多孔硅胶还具有化学稳定性和热稳定性以及机械强度高等优点，所以是目前使用较多的无机凝胶。

（二）流动相

流动相可选用单一溶剂，也可选用混合溶剂。当固定相一定时，流动相的种类、配比能严重影响色谱的分离效果，因此流动相的选择非常重要。

对于优良的流动相要求是：黏度小、与检测器兼容性好、不与固定相发生化学反应、对样品有适宜溶解度、易纯化和安全（毒性低）等。

常用溶剂按极性由大至小排列如下：

水、甲酰胺、乙腈、甲醇、乙醇、丙醇、丙酮、二氧六环、四氢呋喃、甲乙酮、正丁醇、乙酸乙酯、乙醚、异丙醚、二氯甲烷、氯仿、溴乙烷、苯、氯丙烷、甲苯、四氯化碳、二硫化碳、环己烷、己烷、庚烷、石油醚。

为了获得适宜的流动相极性，高效液相色谱法常采用混合溶剂作流动相，根据各自所起的作用，分为底剂和调节剂两种。前者决定基本的分离，后者调节样品组分的滞留时间并对某几个组分具有选择性的分离作用。

1. 正相色谱流动相

在正相色谱中，溶剂对物质的冲洗强度随极性的增加而增强。如采用混合溶剂，一般选择低极性的溶剂作底剂，而根据样品组分的性质选择极性较强的溶剂作调节剂。

2. 反相色谱流动相

在反相色谱中，冲洗强度随极性的增加而减小，一般以水作为流动相的主体，加入不同配比的有机溶剂作调节剂。

3. 离子交换色谱流动相

离子交换色谱的分离在含水的介质中进行，组分的保留值与流动相中盐的浓度（或离子强度）以及 pH 值有关。在固定相确定时，增加盐的浓度导致保留值降低。对于阳离子交换柱，流动相的 pH 值增加，保留值降低；而对于阴离子交换柱，随 pH 值增加，保留值增加。

4. 空间排阻色谱流动相

空间排阻色谱的分离系数只决定于凝胶的孔径和被分离物质的分子大小，而与流动相无关。在空间排阻色谱法中，要求流动相与凝胶应非常相似，才能润湿凝胶并防止吸附作用，并且必须是样品的优良溶剂。目前，凝胶色谱常用的溶剂是四氢呋喃。

四、液相色谱的定性和定量分析

（一）定性分析方法

与气相色谱法相似，包括色谱鉴定法和非色谱鉴定法两类。

1. 色谱鉴定法

对比纯物质（对照品）和样品的保留时间或相对保留时间，进行定性分析。如一致，则证明为同一物质。

2. 非色谱鉴定法

较少使用，常见的如化学鉴定法、两谱联用法等。

（二）定量分析方法

1. 外标法

用待测物质的纯物质作对照品，与样品对比计算含量的方法称为外标法，分为外标工作曲线法、外标一点法和外标两点法等。其优点是不需要知道校正因子就可进行定量计算，但要求进样必须准确，否则易导致较大的误差。

2. 内标法

内标法包括工作曲线法、内标一点法、内标两点法、内标对比法和校正因子法等。其中内标对比法操作简单，不需要知道校正因子，且定量的准确度与进样量无关，所以在高效液相色谱法中最常使用。

进度检查

一、填空题

1. 高效液相色谱法有＿＿＿＿＿＿、＿＿＿＿＿＿、＿＿＿＿＿＿和＿＿＿＿＿＿四种常见的类型。
2. 凝胶色谱法常用的流动相是＿＿＿＿＿＿。
3. 离子交换色谱的固定相为离子交换剂，分为＿＿＿＿＿＿和＿＿＿＿＿＿两类。
4. 离子交换色谱的分离在含水的介质中进行，组分的保留值与流动相的＿＿＿＿＿＿和＿＿＿＿＿＿有关。
5. 若纯物质（标准品）和样品的保留时间或相对保留时间一致，则证明＿＿＿＿＿＿。
6. 高效液相色谱定量的方法有＿＿＿＿＿＿和＿＿＿＿＿＿。

二、判断题（正确的在括号内画"√"，错误的画"×"）

1. 混合溶剂中的底剂决定基本的分离，调节剂调节样品组分的滞留时间并对某几个组分具有选择性的分离作用。　　　　　　　　　　　　　　　　　　　　　　　　　（　　）
2. 在正相色谱中，溶剂对物质的冲洗强度随极性的增加而减弱。　　　　　　（　　）

三、简答题

1. 高效液相色谱法有什么特点？与气相色谱法比较有何异同？
2. 各类高效液相色谱法的分离机制是什么？
3. 高效液相色谱法对流动相的基本要求是什么？

学习单元 13-2　高效液相色谱仪的结构和工作原理

编号 FJC-100-02

职业领域：化工、石油、环保、医药、冶金、建材、轻工。
工作范围：分析。
学习目标：掌握高效液相色谱仪的组成结构及各部分的作用。
所需仪器、药品和设备

序号	名称及说明	数量
1	安捷伦（Agilent）1200 型高效液相色谱仪	1 台

　　高效液相色谱仪（简称液相色谱仪）一般由贮液器、高压输液泵、梯度洗提装置、进样器、色谱柱、检测器和记录仪等部件构成，其中高压输液泵、色谱柱和检测器是仪器的基础部件（如图 13-3）。贮液器用于贮存流动相，流动相经过过滤后，由高压输液泵输入色谱柱中。样品经进样器注入色谱柱，随着流动相不断地流经色谱柱而被分离。流出的组分进入检测器，检测器将检测出的信号输入记录仪或化学工作站，进行数据的记录和处理。

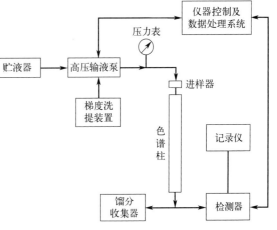

图 13-3　高效液相色谱仪结构示意图

一、输液系统

1. 贮液器

　　盛装流动相的容器，通常由惰性物质制成，如不锈钢或玻璃等（如图 13-4），容积一般为 0.5~2L。流动相使用前需进行脱气处理，否则易导致检测器噪声增大、基线不稳等现象，影响正常的工作。如仪器的贮液器配备脱气装置，可直接使用；如不具备脱气装置，应将流动相脱气处理后再使用。在伸入贮液器的导管末端，装有过滤器（如图 13-5），可防止杂质进入色谱系统。

　　脱气装置的工作原理如图 13-6 所示，流动相在泵的抽动下流入真空箱中，当通过四个管状塑料膜时，流动相中的气体会透过塑料膜而进入真空箱，从而达到脱气的目的。

2. 梯度洗提装置

　　又称梯度淋洗或梯度洗脱装置，即通过梯度程序控制装置对泵的控制，使两种或两种以上的溶剂按设定的比例流进混合室混合后，再输入色谱柱。梯度洗脱的方式可提高色谱柱的分离度，缩短分析时间，特别适用于复杂样品的分析。

图 13-4 贮液器示意图

图 13-5 过滤器示意图

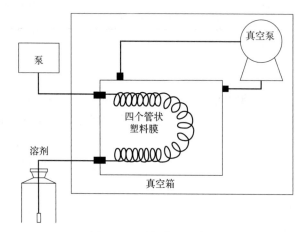

图 13-6 脱气装置示意图

3. 高压输液泵

为高效液相色谱仪的重要组成部分，它是利用高压泵来实施输送流动相的任务。对于泵的基本要求是：输出压力高且稳定，无脉动；流量恒定并可自由调节；耐高压，压力波动小；易操作和检修等。

泵的种类较多，按输出液体的情况分为恒压泵和恒流泵两类；按机械结构的不同分为往复泵和螺旋泵两种，往复泵又分为柱塞往复泵和隔膜往复泵。其中柱塞往复泵（如图 13-7）的使用最为广泛。

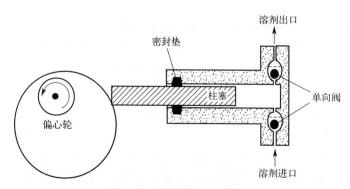

图 13-7 柱塞往复泵示意图

随着偏心轮的转动,柱塞向前运动时,流动相从溶剂出口流入色谱柱;柱塞向后运动时,将贮液器中的流动相从溶剂进口吸入,如此往复,流动相不断地从贮液器中被输送入色谱柱。由于这类泵柱塞的往复频率高,所以对密封垫的耐磨性、单向阀和柱塞的刚性要求较高。通常密封垫采用聚四氟乙烯添加剂材料制造,单向阀和柱塞采用人造宝石材料制造。

二、进样器

进样器是将样品输入色谱柱的装置,要求其具有重复性好、准确性高、进样时对色谱体系的流量波动小等特征。常见的进样方式有注射器进样、阀进样和自动进样。

1. 注射器进样

同气相色谱相似,采用 $1\sim10\mu L$ 的微量注射器进样。此法价廉、操作简单且柱效高。样品进样体积不应小于进样器总体积的10%。

2. 阀进样

常用六通进样阀(如图13-8),借助高压,直接向色谱压力系统进样。

在准备状态时,用微量注射器将样品注入,转动六通阀的手柄至工作状态,泵和柱通过定量管连通,样品被流动相带入色谱柱。

3. 自动进样

自动进样是在计算机程序的控制下,仪器自动完成取样、进样、清洗等操作的进样方式。

自动进样器是在计算机的控制下,夹样器臂将相应的样品瓶放置在进样针处,进样针吸取样液进样后,夹样器臂再将该样品瓶放回原位置。如设置了洗针操作程序,则进样针再以同样的操作方式洗针(如图13-9)。

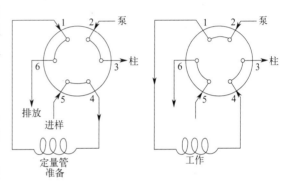

图13-8 六通进样阀示意图

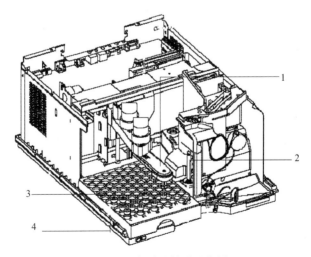

图13-9 自动进样器示意图
1—夹样器臂;2—进样针;3—样品瓶;4—样品瓶架

三、色谱柱和色谱柱恒温装置

1. 色谱柱

色谱柱由柱管和固定相组成,目前高效液相色谱使用的标准柱型是内径 4.6mm 或 3.9mm,柱长 10~25cm 的不锈钢柱(如图 13-10)。现在发展的方向是采用小粒度固定相(3~5μm)以提高柱效;缩短柱长以提高分析速度;减小柱径以节省溶剂。进行样品分析时,一般要求色谱柱的柱效理论值达到 500000~$160000m^{-1}$。系统的死体积、柱的结构和填充方法均会影响色谱柱的柱效。

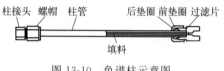

图 13-10 色谱柱示意图

2. 色谱柱恒温装置

一般情况下,色谱分析方法对柱温有规定,可使用恒温装置来控制温度。恒温装置类型有如下几种。

(1) 水浴式恒温装置 如图 13-11 所示,将恒温水浴装置与色谱柱外的恒温夹套连接,借助恒温水浴装置中恒温循环水的流入,使色谱柱的温度恒定。

(2) 电加热式恒温装置 将色谱柱固定于两块金属之间,金属块上安装有加热元件,通过温度控制器对电加热元件电流大小的控制,使金属块温度恒定,从而保持色谱柱的恒温。

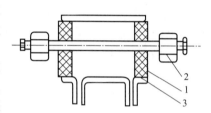

图 13-11 水浴式恒温装置示意图
1—橡胶塞;2—色谱柱;3—恒温夹套

(3) 恒温箱式恒温装置 原理与电加热式恒温装置一致,将电加热式恒温装置安装在具有保温性能的箱体内,使恒温效果更好。

四、检测器

高效液相色谱的检测器应该响应快且死体积小,其类型有紫外、荧光、示差折光、极谱、电导检测器等,其中以紫外检测器最为常用。

紫外检测器分为三种类型:

1. 固定波长检测器

本检测器是光源波长固定的光度计,一般波长为 254nm,由低压汞灯作发射源。由于波长不能调节,适用范围窄,已基本淘汰。

2. 可变波长检测器

为紫外-可见分光光度计或紫外分光光度计,可根据需要选择波长(如图 13-12)。一般选择被测物质的最大吸收波长为检测波长,可使检测的灵敏度增加。

如图 13-12 所示,光源(氘灯)产生的光束经透镜变为平行光束,再经过遮光板变为细小的平行光束,分别通过测量池和参比池,然后用滤光片滤掉非单色光,通过光敏电阻组成的桥式电路,借助两池输出信号的差异进行检测。

紫外-可见检测器的原理与紫外检测器工作原理相似,但是光源改为氘灯和钨灯。

3. 光电二极管阵列检测器

20 世纪 80 年代开始采用光电二极管阵列检测器(如图 13-13),阵列由 211 个光电二极管组成,每个光电二极管完成对应光谱上 1nm 波长范围的光谱测量。

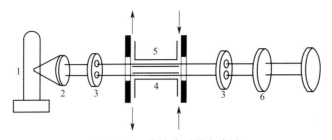

图 13-12　紫外检测器光路图

1—光源；2—透镜；3—遮光板；4—测量池；5—参比池；6—滤光片

如图 13-13 所示，光源产生的光束（紫外或可见）通过样品流体池，被流动相中的样品组分选择性吸收后进入入射狭缝，当其通过光栅时，光栅把入射光束全部分散成组成它的波长，并把它反射到二极管阵列上进行检测。光电二极管阵列检测器可同时获得样品的色谱峰图谱和每个色谱组分的光谱图，也可将两份图谱绘制在三维坐标图上，获得三维光谱-色谱图，同时得到定性和定量的信息。

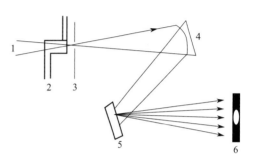

图 13-13　光电二极管阵列检测器光路图

1—光源；2—Z形流通池；3—入射狭缝；
4—反射镜；5—光栅；6—二极管阵列

五、工作站

工作站是与色谱仪相配套的软件系统，可实现所有分析过程的在线显示，包括数据的采集、处理和保存。

进度检查

高效液相色谱仪基本构造

一、填空题

1. 高效液相色谱仪一般由＿＿＿＿、＿＿＿＿、＿＿＿＿、＿＿＿＿、＿＿＿＿、＿＿＿＿和＿＿＿＿等部件构成。

2. 如仪器的贮液器配备有脱气装置，可＿＿＿＿；如不具备脱气装置，应将流动相＿＿＿＿后再使用。

3. 泵的种类较多，按输出液体的情况分为＿＿＿＿和＿＿＿＿两类；按机械结构的不同分为＿＿＿＿和＿＿＿＿两种。

4. 紫外检测器分为三种类型＿＿＿＿、＿＿＿＿和＿＿＿＿。

二、判断题（正确的在括号内画"√"，错误的画"×"）

1. 贮液器为盛装流动相的容器，通常由惰性物质制成。　　　　　　　　　　（　）

2. 高效液相色谱检测器的类型有紫外、荧光、差示折光、极谱、电导检测器等，其中以电导检测器最为常用。　　　　　　　　　　　　　　　　　　　　　　　　（　）

3. 工作站可进行所有分析过程的在线显示，包括数据的采集、处理和保存。　（　）

三、简答题

1. 三种常见的进样方式是什么？
2. 光电二极管阵列检测器的工作原理是什么？

编号 FJC-100-03

学习单元 13-3　高效液相色谱仪的操作

职业领域：化工、石油、环保、医药、冶金、建材、轻工。
工作范围：分析。
学习目标：掌握高效液相色谱仪的开机和停机操作，熟悉样品分析数据的处理。

所需仪器、药品和设备

序号	名称及说明	数量
1	Agilent1200型高效液相色谱仪	1台
2	便携式抽滤装置	1套
3	0.45μm 滤膜	1盒
4	手动进样针	1支
5	超声波清洗仪	1台

一、实验前的准备

1. 流动相的配制

对于流动相中的溶剂，均要求为色谱级或优级纯，水应为二次蒸馏水。对不是色谱级的试剂（如自行配制的缓冲盐溶液）要进行过滤，一般用 0.45μm 的滤膜抽滤（如图 13-14），水性溶剂使用水相滤膜，其他使用有机相滤膜。

流动相在使用前还应进行脱气处理，常采用超声波脱气法，即将盛装流动相的贮液瓶置于超声波清洗仪中，以水作为介质进行超声脱气。对于 500mL 的流动相，超声 20～30min 即可除去流动相中的气体。注意切勿将贮液瓶放置于超声波清洗槽的底部或与四壁接触，以免破裂。

2. 样液的配制

样液配制所选用的溶剂应尽量用流动相，以免在分析的过程中样品析出而影响分离，堵塞色谱柱。若不能选用流动相，一般对于反相色谱法，选择极性比流动相大的溶剂；对于正相色谱法，选择极性比流动相小的溶剂。

图 13-14　便携式抽滤装置

配制好的样液，也可使用 0.45μm 的滤膜进行过滤。

二、开机

① 打开计算机，进入操作系统。
② 打开 Agilent1200 型高效液相色谱仪（如图 13-15）各模块的电源，待自检完成后，点击电脑桌面上的工作站图标，进入工作站界面。
③ 将配制好的流动相倒入贮液瓶中。

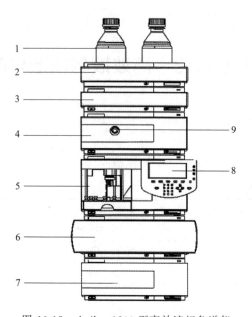

图 13-15　Agilent1200 型高效液相色谱仪

1—贮液瓶；2—溶剂瓶箱；3—真空脱气机；4—泵；5—自动进样器（也可配置手动进样器）；
6—柱温箱（可可配置）；7—检测器；8—手持控制器（可不配置）；9—排液阀

④ 打开排液阀，在工作站中将流速设置为 3～5mL/min，用溶剂冲洗 3min 以上，以使由贮液瓶至泵口的管线内的气泡被排除干净，切换通道进行同样的操作。

⑤ 在工作站中关闭泵的工作后，关闭排液阀。观察各流动相所剩溶液的容积，并在工作站中进行设定，如设定的容积低于最低限度时，则会自动停泵，所以应注意贮液瓶内溶液的体积，及时加液。

⑥ 使用流动相冲洗系统一定时间，如所用流动相为缓冲盐溶液，必须先用水冲洗 20min 以上再换上缓冲盐溶液，正式进样分析前 30min 左右再开启氘灯或钨灯，以延长灯的使用寿命。

三、数据的采集

① 建立色谱操作方法，注意保存为自己的名称，勿覆盖或删除他人的方法及实验结果。

② 按建立的方法运行色谱系统，当基线平稳后，开始进样。对于紫外检测器，一般运行 20min 左右基线才平稳。

a. 自动进样：将样液装入样品瓶中，在工作站中设置进样程序，运行即可。

b. 手动进样：用与样液一致的溶剂清洗进样针筒后，吸取样液并排除针筒中的气泡，将进样器转至 Load 位置，插入进样针，打入样液后，再将进样器转至 Inject 位置（如图 13-16）。此时，样液进入色谱柱进行分离。

进样针应选用平头针，一定不能使用尖针，否则会严重刮坏转子垫圈。

③ 完成进样后，仪器自行对样液数据进行分析处理。

四、数据分析

① 调用所做数据，打印图谱，进行相关分析。

② 可使用工作站对色谱进行优化处理和积分。

五、关机

① 实验结束后，先关闭氘灯和钨灯，再用溶剂冲洗色谱系统。一般先用高浓度的甲醇水溶液冲洗管路 30min 以上，再用甲醇冲洗 20min 左右，将整个系统保存在甲醇溶液中。

② 关机时，先退出工作站，依照屏幕提示关闭泵和其他窗口，再关闭计算机，最后关闭 Agilent1200 高效液相色谱仪各模块的电源。

图 13-16　进样操作示意图

进度检查

LC2000 天美液相工作站的使用

一、填空题

1. 对于流动相中的溶剂，均要求为_____或_____，水应为_____。

2. 配制样液的溶剂应尽量选用_____。

3. 手动进样时，先将进样器转至_____位置，插入进样针，打入样液后，再将进样器转至_____位置。

二、判断题（正确的在括号内画"√"，错误的画"×"）

1. 对于 500mL 的流动相，超声 10min 即可除去流动相中的气体。（　　）

2. 开机时，先打开高效液相色谱仪各模块电源后再打开计算机。（　　）

三、简答题

1. 流动相使用前应怎样处理？

2. Agilent1200 型高效液相色谱仪开机操作步骤是什么？

编号 FJC-100-04

学习单元 13-4　高效液相色谱仪的维护与保养

职业领域：化工、石油、环保、医药、冶金、建材、轻工。
工作范围：分析。
学习目标：了解高效液相色谱仪的维护与保养知识。
所需仪器、药品和设备

序号	名称及说明	数量
1	Agilent1200 型高效液相色谱仪	1 台
2	阀清洗接头	1 个
3	注射器	1 支
4	滤芯	1 个
5	过滤头	1 个
6	色谱柱	1 根

一、手动进样器的日常维护和保养

① 进样后，应及时冲洗进样器，特别是用盐或缓冲液作流动相的情况，因为这些溶液会形成结晶而磨损垫圈。冲洗方法是：

a. 将进样器转至 Inject 位置，用泵输送高纯水冲洗样品环及沟槽。

b. 用阀清洗接头和注射器吸取溶剂，冲洗进样口（如图 13-17）。一般常用的溶剂为甲醇和蒸馏水。

② 经常使用湿润的软布擦拭进样器，特别是进样口周围。

③ 若观察到进样后从进样口或排空管有液体冒出、长期压力不稳定、峰面积不稳定、保留时间不稳定和残留严重等现象，表明手动进样器的密封圈泄漏，应进行更换。

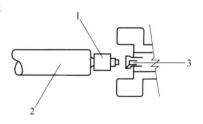

图 13-17　手动进样器的清洗示意图
1—阀清洗接头；2—注射器；3—进样口

二、贮液器的日常维护和保养

① 流动相和样液　流动相和样液使用前必须过滤，否则溶剂和样品中细小的颗粒会堵塞色谱柱、堵塞和磨损进样阀或磨损泵内的活塞和活塞杆。不能使用存放多日的蒸馏水，因为易长菌，进入色谱系统后会造成污染。

流动相在使用前应进行脱气处理，避免增加基线的噪声，导致灵敏度下降。

② 贮液瓶和过滤器　贮液瓶中的过滤头容易破碎，在更换流动相时应特别小心。当发现过滤头变脏或长菌时，可用35%硝酸溶液浸泡1h左右后，再用二次蒸馏水洗涤。尤其要注意的是，超声易使过滤头破碎，所以不可用超声法进行清洗。对于过滤器和贮液瓶，应定期清洗，一般至少每三个月清洗一次。

三、泵的日常维护和保养

定期检查排液阀的滤芯。检查方法为拧开排液阀，以水作流动相，流速控制在5mL/min，若压力大于10bar（1MPa），则须立即更换（排液阀结构见图13-18）。操作方法是用工具拧下排液阀，用镊子将脏的滤芯夹出，换上新滤芯，复原即可。

图13-18　排液阀结构示意图

四、色谱柱的日常维护和保养

① 色谱柱不能碰撞、强烈振动和弯曲；连接上色谱系统前，管路和阀件一定要清洗干净；流动相和样液要进行处理；每天分析工作完成后要用适当的溶剂冲洗柱子。

② 当色谱柱长时间不使用时，存放前应在其柱内充满溶剂，两端封死。反相色谱柱一般使用乙腈或甲醇保存，正相色谱柱应使用有机相保存。注意一定不能用水保存，因为水易长菌，污染色谱柱。

③ 可在色谱柱前添加预柱，起到保护色谱柱的作用。

进度检查

一、填空题

1. 不能使用＿＿＿＿＿＿＿，因为易长菌，进入色谱系统后会造成污染。
2. 对于过滤器和溶剂瓶，应定期清洗，一般至少＿＿＿＿＿＿＿清洗一次。
3. 反相色谱柱一般使用＿＿＿＿＿＿保存，正相色谱柱应使用＿＿＿＿＿＿保存。

二、判断题（正确的在括号内画"√"，错误的画"×"）

1. 当发现过滤头变脏时，可用5%硝酸溶液浸泡1h左右后再用二次蒸馏水洗涤。　　　　　　　　　　　　　　　　　　　　　　　　　　（　　）
2. 如将流动相进行脱气处理后再使用，则可避免增加基线的噪声，导致灵敏度下降。　　　　　　　　　　　　　　　　　　　　　　　　（　　）
3. 反相色谱柱不使用时，一般保存在乙腈或甲醇中。　　　　　　　（　　）

三、简答题

1. 手动进样器怎样进行冲洗？
2. 过滤头怎样进行清洗？

编号 FJC-100-05

学习单元 13-5 对羟基苯甲酸酯类混合物的分析

职业领域：化工、石油、环保、医药、冶金、建材、轻工。
工作范围：分析。
学习目标：掌握用高效液相色谱法分析对羟基苯甲酸酯类混合物的操作。

所需仪器、药品和设备

序号	名称及说明	数量
1	Agilent1200 型高效液相色谱仪	1台
2	色谱柱	1根
3	抽滤装置	1套
4	超声波清洗仪	1台
5	分析天平	1台
6	100mL 容量瓶	8个
7	10mL 容量瓶	1个
8	移液管	4支
9	量筒(500mL)	1个
10	烧杯(500mL)	1只
11	对羟基苯甲酸甲酯	适量
12	对羟基苯甲酸乙酯	适量
13	对羟基苯甲酸丙酯	适量
14	对羟基苯甲酸丁酯	适量
15	甲醇(色谱纯)	适量
16	二次蒸馏水	适量

一、实验前的准备

（1）标准液和供试液的配制

① 标准贮备液的配制　分别称取四种对羟基苯甲酸酯类化合物适量，置于 100mL 容量瓶中，用甲醇作溶剂，配制成浓度为 1000μg/mL 的四种溶液，摇匀备用。

② 标准液的配制　用移液管分别吸取上述标准贮备液适量，置于 100mL 容量瓶中，用甲醇作溶剂，分别配制成浓度为 10μg/mL 的四种溶液，摇匀即得。

③ 供试液的配制　用移液管分别吸取上述标准贮备液适量，置于 100mL 容量瓶中，用甲醇作溶剂，配制成四种酯类化合物各自浓度均为 10μg/mL 的混合溶液，摇匀，即得。

④ 处理　将标准液和供试液分别用 0.45μm 的滤膜过滤后，备用。

（2）流动相的准备　采用 0.45μm 的滤膜，将适量甲醇和水分别使用减压抽滤装置过滤后，倒入溶剂瓶中，置于超声波清洗仪中超声 20～30min 进行脱气处理，完成后放入贮液瓶中，备用。

二、开机

① 打开计算机进入系统界面后，依次打开 Agilent1200 型高效液相色谱仪各模块电源，待自检完成后，双击工作站图标（Online），进入工作站。

② 将色谱条件要求的色谱柱接入色谱系统。色谱柱的要求是长 15cm，内径 3mm，装填 C—18 烷基键合相、颗粒度为 10μm 的固定相。

③ 打开排液阀，在工作站中将流速设置为 3~5mL/min，先用水冲洗 3min 以上，再用甲醇冲洗 3min 以上。

④ 在工作站中关闭泵后，关闭排液阀。观察各流动相所剩溶液的容积，并在工作站中进行设定。

三、数据的采集

① 在色谱工作站中建立色谱操作方法，要求甲醇和水的配比为 55∶45，流动相流速为 1mL/min，紫外检测器的波长为 254nm。开启氘灯，运行所保存的方法。

② 待基线平稳后，开始进样。依次吸取 3μL 的四种标准液和供试液进样，记录各色谱图，重复两次实验。采用自动进样器应在工作站中设置相关的程序，采用手动进样器进样时，应注意每次进样前要用溶剂清洗进样针 2~3 次后，再用要进样的供试液润洗 2~3 次，才可使用。

四、数据分析

调出图谱，记录四种标准液的保留时间（t_R 值），与供试液图谱比较。

五、关机

① 实验结束后，关闭氘灯，再用溶剂冲洗色谱系统。先用高浓度甲醇溶液冲洗管路 30min 以上，再用甲醇冲洗 20min 左右，将整个系统保存在甲醇溶液中。

② 关机时，先退出工作站，依照屏幕提示关闭泵和其他窗口，再关闭计算机，最后关闭 Agilent1200 型高效液相色谱仪各模块的电源。

进度检查

一、简答题

怎样判断供试液图谱中各色谱峰代表的是何种物质？

二、操作题

对羟基苯甲酸酯类混合物的分析

检查：①实验前的准备操作是否正确；②开机操作是否正确；③数据的采集操作是否正确；④数据分析操作是否正确；⑤关机操作是否正确。

编号 FJC-100-06

学习单元 13-6　工业用丁二烯中特丁基邻苯二酚的测定

职业领域：化工、石油、环保、医药、冶金、建材、轻工。
工作范围：分析。
学习目标：掌握用高效液相色谱法测定工业用丁二烯中的特丁基邻苯二酚（TBC）的操作。

所需仪器、药品和设备

序号	名称及说明	数量
1	Agilent1200 型高效液相色谱仪	1 台
2	色谱柱	1 根
3	抽滤装置	1 套
4	超声波清洗仪	1 台
5	分析天平	1 台
6	具塞锥形瓶(50mL)	7 个
7	微量注射器(10μL、25μL、50μL 和 100μL)	各 1 支
8	不锈钢盘管(长 1m，内径 3mm)	1 支
9	量筒(25 mL)	2 支
10	不锈钢取样瓶	1 个
11	容量瓶(10mL、250mL)	1 个
12	移液管(25 mL)	1 支
13	温度计(量程为 −30～50℃，分度值为 1℃)	1 支
14	工业用 1,3-丁二烯	适量
15	甲醇(色谱纯)	适量
16	乙酸	适量
17	氯仿	适量
18	水(即二次蒸馏水)	适量
19	4-(1,1-二甲基乙基-1,2-苯二酚)(即 TBC)	适量
20	间硝基酚	适量

一、实验前的准备

（1）标准液的配制

① TBC 氯仿溶液的配制　称取 TBC 适量，置于 10mL 容量瓶中，用氯仿作溶剂，配制成浓度为 25g/L 的溶液，摇匀，备用。

② 间硝基酚水溶液的配制　称取间硝基酚适量，置于 250mL 容量瓶中，用水作溶剂，配制成浓度为 25mg/L 的溶液，摇匀，备用。

③ 标准校准溶液的配制　将六个具塞锥形瓶分别编号 1～6，用移液管吸取间硝基酚水溶液，向瓶中各加入 25.0 mL，选用不同规格的微量注射器，按表 13-1 所示，加入规定量

的 TBC 氯仿溶液，即得。

表 13-1　标准校准溶液的配制

编号	TBC 氯仿溶液体积/μL	标准校准溶液中 TBC 浓度/(mg/L)
1	0	0
2	10	10
3	25	25
4	50	50
5	100	100
6	150	150

(2) 供试液的制备　丁二烯气体采集入不锈钢取样瓶中后，首先将不锈钢盘管和量筒保持在 -20℃ 的冷却条件下，振摇取样瓶后，将盘管与取样瓶相连接，放出 25mL 液态的样品于量筒中，用温度计准确测定样品的温度（精确至 1℃）。用量筒量取 25mL 间硝基酚水溶液，将其倒入具塞锥形瓶中，再倒入已测量完温度的样品。在室温的条件下，丁二烯会挥发，待其挥发完全后，塞上瓶塞，振摇 1min，即得供试液。

操作中应注意相关的安全知识，整个操作过程应在通风橱中完成，将试样钢瓶接地，防止静电产生后引起爆炸；操作过程远离明火，同时操作者应采取劳保措施。

(3) 流动相的准备

① 乙酸水溶液　将适量乙酸和水按 (1～1.5)：(31.5～32) 的比例配制成适量乙酸水溶液，用 $0.45\mu m$ 的滤膜，使用减压抽滤装置过滤后，倒入溶剂瓶中，放置在超声波清洗仪中超声 20～30min 进行脱气处理，完成后放置在溶剂箱中，备用。

② 甲醇　适量甲醇用 $0.45\mu m$ 的滤膜，使用减压抽滤装置过滤后，倒入溶剂瓶中，放置在超声波清洗仪中超声 20～30min 进行脱气处理，完成后放置在溶剂箱中，备用。

二、开机

① 打开计算机进入系统界面后，依次打开 Agilent1200 型高效液相色谱仪各模块电源，待自检完成后，双击工作站图标（Online），进入工作站。

② 将色谱条件要求的色谱柱接入色谱系统。色谱柱的要求是长 200～250mm，内径 4～5mm，装填 C18 烷基键合硅胶、颗粒度为 $10\mu m$ 的固定相。

③ 打开排液阀，在工作站中将流速设置为 3～5mL/min，先用水冲洗 3min 以上，再用甲醇冲洗 3min 以上。

④ 在工作站中关闭泵后，关闭排液阀。观察各流动相所剩溶液的容积，并在工作站中进行设定。

三、数据的采集

① 在色谱工作站中建立色谱操作方法，要求甲醇和乙酸水溶液的配比为 67：33，流动相流速为 1～1.5mL/min，紫外检测器的波长为 280nm。开启氘灯，运行所保存的方法。

② 待基线平稳后，开始进样。依次吸取 20μL 的六种标准校准溶液和供试液进样，记录各色谱图，重复两次实验。采用自动进样器应在工作站中设置相关的程序，采用手动进样器进样时，应注意每次进样前要用溶剂清洗进样针 2～3 次后，再用要进样的供试液润洗 2～3 次，才可使用。

四、数据分析

（1）校准曲线的绘制　调出六种标准校准溶液的图谱，记录每个图谱中 TBC 和间硝基酚的峰面积或峰高，并计算出各自图谱中 TBC 和间硝基酚的峰面积或峰高的比值。

以 TBC 的浓度（mg/L）为横坐标，TBC 和间硝基酚的峰面积或峰高的比值为纵坐标绘制的曲线即为校准曲线。

（2）结果的计算　调出供试液的图谱，记录图谱中 TBC 和间硝基酚的峰面积或峰高，并计算它们的比值。在校准曲线中，根据计算得到的比值，查找出供试液中 TBC 的浓度（mg/L），然后按式进行计算。

$$x = c/\rho \tag{13-6}$$

式中　x——TBC 的含量，mg/kg；

　　　c——供试液中 TBC 的浓度，mg/L；

　　　ρ——供试液在所测温度下的密度，g/mL，可通过表 13-2 进行查找。

表 13-2　液态丁二烯的密度与温度的关系

温度/℃	密度/(g/mL)	温度/℃	密度/(g/mL)
−45	0.6985	−20	0.6681
−40	0.6903	−15	0.6625
−35	0.6848	−10	0.6568
−30	0.6793	−5	0.6510
−25	0.6737	0	0.6452

五、关机

① 实验结束后，关闭氘灯，再用溶剂冲洗色谱系统。先用水冲洗管路 30min 以上，再用甲醇冲洗 20min 左右，将整个系统保存在甲醇溶液中。

② 关机时，先退出工作站，依照屏幕提示关闭泵和其他窗口，再关闭计算机，最后关闭 Agilent1200 型高效液相色谱仪各模块的电源。

进度检查

一、简答题

怎样采用内标法对工业用丁二烯中的特丁基邻苯二酚（TBC）含量进行测定？

二、操作题

工业用丁二烯中的特丁基邻苯二酚（TBC）含量测定的分析

检查：①实验前的准备操作是否正确；②开机操作是否正确；③数据的采集操作是否正确；④数据分析操作是否正确；⑤关机操作是否正确。

评分标准

高效液相色谱仪操作技能考试内容及评分标准

一、考试内容

高效液相色谱仪的操作

1. 实验前的准备。
2. 开机。
3. 数据的采集。
4. 数据的分析。
5. 关机。

二、评分标准

1. 实验前的准备。(15 分)

每错一处扣 5 分。

2. 开机。(20 分)

每错一处扣 5 分。

3. 数据的采集。(25 分)

每错一处扣 5 分。

4. 数据的分析。(25 分)

数据处理时错一处扣 5 分。

5. 关机。(15 分)

每错一处扣 5 分。

模块 14　色谱-质谱联用技术

编号 FJC-101-01

学习单元 14-1　质谱法的概述

职业领域： 化工、石油、环保、医药、冶金、建材、轻工。
工作范围： 分析。
学习目标： 了解质谱法的发展历程、特点和分类，掌握质谱法的工作原理和基本构造。

从 1912 年第一台质谱仪出现，到 20 世纪 60 年代，质谱法更加普遍地应用到有机化学和生物化学领域，化学家们认识到由于质谱法独特的离子化过程及分离方式，从中获得的信息是具有化学本性、直接与其结构相关的，可以用它来阐明各种物质的分子结构。近年来，随着各种类型的质谱离子源的开发，质谱仪广泛应用于石油、化工、医药、冶金、环境监测等领域。

质谱法是通过将样品转化为运动的气态离子，然后按质荷比（m/z）大小进行分离并记录其信息的分析方法，所得结果即为质谱图（亦称质谱）。根据质谱图提供的信息，可以进行多种有机物及无机物的定性和定量分析、复杂化合物的结构分析、样品中各种同位素比的测定及固体表面结构和组成分析等。

一、特点

与核磁共振波谱、红外光谱和紫外光谱相比较，质谱法具有如下突出的特点：
① 质谱法是唯一可以确定分子式的方法；
② 质谱法灵敏度高，检出限最低可达 10^{-14} g；
③ 根据各类有机化合物分子的断裂规律，质谱中的分子碎片离子峰提供了有关有机化合物结构的丰富信息。

二、分类

质谱仪的种类很多，按质量分析器的不同，主要可分为单聚焦质谱仪、双聚焦质谱仪、四极杆滤质器质谱仪、离子阱质谱仪及飞行时间质谱仪等；按用途不同，可分为同位素质谱仪（测定同位素丰度）、气体分析质谱仪、无机质谱仪（测定无机化合物）、有机质谱仪（测定有机化合物）等；按进样状态不同，可分为气相色谱-质谱联用仪（GC-MS）、液相色谱-质谱联用仪（LC-MS）、毛细管电泳-质谱联用仪（CE-MS）和高频电感耦合等离子体-质谱联用仪（ICP-MS）等。

三、工作原理

质谱仪的工作原理是利用电磁学原理使带电的样品离子按质荷比进行分离，典型的方式

是将样品分子离子化后经加速进入磁场中，其动能与加速电压及电荷 z 有关，即

$$zeU = \frac{1}{2}mv^2 \tag{14-1}$$

式中，z 为电荷数；e 为元电荷（e=1.6×10^{-19}C）；U 为加速电压；m 为离子的质量；v 为离子被加速后的运动速率。具有速率 v 的带电粒子进入质量分析器的电磁场中，根据所选择的分离方式，最终各种离子按 m/z 进行分离。

四、基本构造

质谱仪由进样系统、离子源（或称电离室）、质量分析器、检测器和数据记录系统等部分组成，如图 14-1 所示。

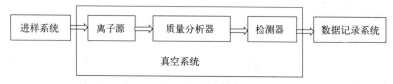

图 14-1 质谱仪构造示意图

在质谱仪中，为了使离子获得良好分析，必须避免离子损失。因此凡有样品分子及离子存在和通过的地方，必须处于真空状态。质谱分析的一般过程为：通过进样系统将样品引入并进行汽化，汽化后的样品在离子源处进行离子化，然后离子经过适当的加速后进入质量分析器，按不同的 m/z 而进行分离，然后到达检测器，产生不同的信号而进行分析。

五、应用

质谱法普遍应用于纯物质的鉴定，其中包括分子量测定、化学式确定及结构鉴定等。由于质谱检出的离子流强度与离子数成正比，因此通过离子流强度测量可进行同位素测量、无机痕量分析和混合物的定量分析等。

进度检查

一、填空题

1. 质谱仪的基本结构包括_____、_____、_____、_____和数据记录系统。

2. 按进样状态不同，质谱仪分为_____、_____、_____和_____等。

二、简答题

1. 简述质谱法的特点。

2. 简述使用质谱仪进行定量分析的原理。

编号 FJC-101-02

学习单元 14-2　气相色谱-质谱联用

职业领域： 化工、石油、环保、医药、冶金、建材、轻工。
工作范围： 分析。
学习目标： 了解气相色谱-质谱联用（GC-MS）的优点、原理和应用。

质谱法具有灵敏度高、定性分析强等特点，但对样品纯度要求高；气相色谱法和液相色谱法则具有分离效率高、定量分析简便的特点，但其定性能力差。色谱-质谱联用技术既发挥了色谱法的高分离能力，又发挥了质谱法的高鉴别能力。这种技术适用于做多组分混合物中未知组分的定性鉴定；可以判断化合物的分子结构，准确地测定未知组分的分子量；可以修正色谱分析的错误判断；可以鉴定出部分分离甚至未分离开的色谱峰等。而且，色谱-质谱联用技术作为多组分混合物的定量分析手段，得到了愈来愈广泛的应用。由于质谱作为检测器时灵敏度高，还可以选择性地检测所需目标化合物的特征离子，有效地排除了基质和杂质峰的干扰，在定量检测时具有更高的信噪比和更低的检出限，因此特别适合于痕量组分的定量分析。

采用色谱-质谱联用仪分析时，混合样品经色谱柱分离后，通过接口进入质谱仪，由计算机系统进行数据的采集，从而得到分析结果，见图 14-2。

图 14-2　色谱-质谱联用仪示意图

一、原理

气相色谱-质谱联用（GC-MS）是目前最常用的一种联用技术，从毛细管气相色谱柱中流出的成分可直接引入质谱仪的离子化室，但填充柱必须经过一个分子分离器降低气压，并将载气与样品分子分开（如图 14-3）。

在分子分离器中，从气相色谱来的载气及样品离子经一小孔加速喷射入喷射腔中，具有较大质量的样品分子在惯性作用下继续直线运动而进入捕捉器中，载气（通常为氦气）由于质量较小，扩散速率较快，容易被真空泵抽走，从而达到分离载气、浓缩组分的作用。组分经离子源离子化后，位于离子源出口狭缝处的总离子流检测器检测到离子流信号，经放大记录后成为色谱图；当某组分出现时，总离子流检测器发出触发信号，启动质谱仪开始扫描而获得该组分的质谱图。

用于与气相色谱（GC）联用的质谱仪有磁式、双聚焦、四极杆滤质器、离子阱等质谱仪。其中四极杆滤质器及离子阱质谱仪由于具有较快的扫描速率（约 10 次/s），应用较多。

二、应用

GC-MS 的应用十分广泛，涉及环境污染物分析、食品香味分析鉴定、医疗诊断、药物代谢研究等，其中环境分析是 GC-MS 应用最重要的领域之一，水（如地表水、废水、饮用水等）、危害性废弃物、土壤有机污染物、空气中挥发性有机化合物、农药残留量等的 GC-MS 分析方法已获得国际认可。此外，法医毒品的鉴定、公安案例的物证、体育运动中兴奋剂的检验等，已形成或将形成一系列法定性或公认的标准方法。

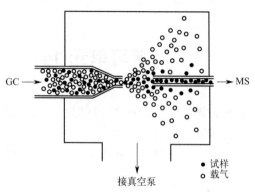

图 14-3 喷射式分子分离器示意图

实例：混合物甲苯、氯苯、溴苯的测定。

（1）仪器条件

① 气相色谱条件 DB-5MS（0.25mm×0.25μm×30m）毛细管柱；柱温：50℃（5min）～10℃/min～150℃；汽化室温度：200℃；汽化室模式：分流（10:1）；进样体积：1μL；载气：He；流速：1mL/min；溶剂：氯仿；溶剂切割时间：3.2min；开始时间：3.4min。

② 质谱条件 EI：70eV；质量扫描范围 33～700amu；扫描速率：1000amu/s；检测器温度：230℃；检测电压：1.00kV。

（2）图谱绘制 用微量进样器取 1μL 供试液，在上述色谱条件下进样，获得气相色谱总离子流图（如图 14-4），对每个成分作质谱图，如图 14-5～图 14-7 所示。

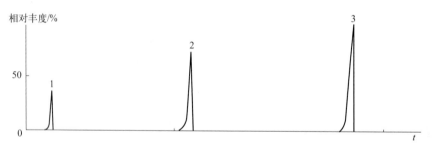

图 14-4 样品气相色谱总离子流图

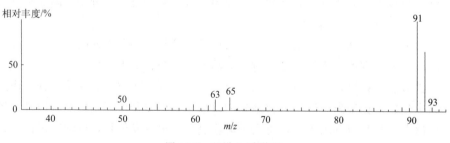

图 14-5 组分 1 质谱图

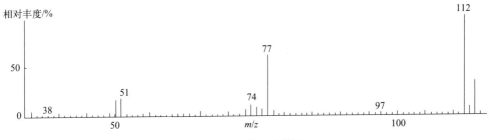

图 14-6　组分 2 质谱图

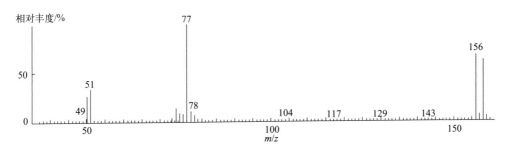

图 14-7　组分 3 质谱图

进度检查

简答题

1. 简述色谱-质谱法联用的优点。
2. 简述 GC-MS 的应用情况。

编号 FJC-101-03

学习单元 14-3　液相色谱-质谱联用

职业领域：化工、石油、环保、医药、冶金、建材、轻工。
工作范围：分析。
学习目标：了解液相色谱-质谱联用（LC-MS）的特点和应用。

一、特点

对于极性大、热不稳定、难挥发的大分子有机化合物，使用 GC-MS 分析有困难，而液相色谱的应用不受沸点的限制，并能对热稳定性差的试样进行分离、分析，但液相色谱的定性分析能力较气相色谱更弱，与有机质谱的联用更具有实际意义。由于液相色谱的特点，在实现液相色谱-质谱联用（LC-MS）时所遇到的困难比 GC-MS 大得多。它需要解决的问题主要有两方面：一方面，液相色谱流动相对质谱工作条件的影响及质谱离子源的温度对液相色谱分析试样的影响。HPLC 流动相的流速一般为 1~2mL/min，若流动相为甲醇，其汽化后换算成常压下的气体流速为 560mL/min（水为 1250mL/min）。质谱仪抽气系统通常仅在进入离子源的气体流速低于 10mL/min 时才能保证真空度，另一方面，液相色谱的分析对象主要是难挥发和热不稳定物质，这与质谱仪常用的离子源要求试样汽化不相适应，只有解决上述矛盾才能实现联用。

早期采用"传动带技术"，即将流动液滴到一条转动的样品带上，经加热除去溶剂，进入真空系统后再解离检测。现在广泛使用的是"离子喷雾"和"电喷雾"技术，能有效地解决上述问题。离子喷雾及电喷雾技术是利用离子从荷电微滴直接发射入气相，蒸发过程如图14-8所示，将极性和热稳定性差的化合物不发生任何热降解而引入质谱仪中，从而实现 LC-MS 联用。

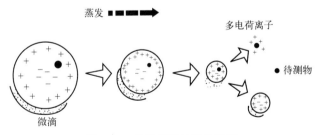

图 14-8　离子蒸发过程示意图

二、应用

LC-MS 由于检测灵敏度高、选择性好，在药物及其代谢产物的分析、中药活性成分分析、分子生物学如蛋白质分析等方面均有广泛的应用。

（1）定性分析　由于 LC-MS 电喷雾是一种软电离源，碎片通常很少或无，谱图中只有准分子离子,因而只能提供未知化合物的分子量信息,不能提供结构信息。如果有标准样品,可以通过建立标准样品的子离子质谱库,利用谱库检索进行定性分析。

(2)定量分析　使用 LC-MS 进行定量分析,其基本方法与色谱定量方法相同。通常采用质谱多反应监测(MRM)方法与技术,相当于对复杂试样进行了提纯,得到的色谱峰不再有干扰,且峰的强度已被放大了若干倍,大幅度地提高了定量分析的灵敏度。因此常用于复杂试样中微量成分的定量分析,如血液、尿样中的微量成分或代谢产物分析等。

 进度检查

简答题

1. 简述液相色谱-质谱法联用的技术难点。
2. 简述 LC-MS 的应用情况。

附录

附录 1　GC102AT 气体流量表与气路系统图

GC102AT 气体流量表　　　　　　　　　　单位：mL/min

旋钮圈数	A、B 载气稳流阀		旋钮圈数	A、B 载气稳流阀	
	氮气(N_2)	氢气(H_2)		氮气(N_2)	氢气(H_2)
1	0	0	5.8	34.0	88.47
1.4	0	0	6	37.22	98.0
1.8	0.8	1.6	6.2	41.0	108.0
2	1	2	6.4	44.0	118.0
2.4	2.0	4.0	6.6	48.0	128.0
2.8	3.0	6.0	6.8	52.0	139.47
3	4.26	8.78	7	55.57	152.0
3.4	6.10	13.5	7.2	60.0	162.0
3.8	9.2	20.0	7.4	64.0	166.0
4	11.21	23.50	7.6	68.0	190.0
4.2	13.0	28.0	7.8	72.0	218.0
4.4	15.0	34.0	8	76.86	232.0
4.8	20.0	48.99	8.2	90.0	
5	22.27	56.0	8.4	95.0	
5.2	25.0	63.5	8.6	100.0	
5.4	28.0	71.0	8.8		
5.6	31.0	80.0	9		

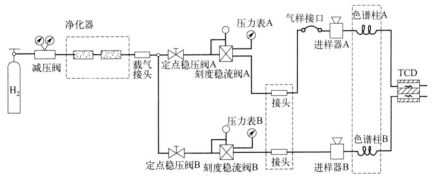

GC102AT 气路系统图

附录2 GC102AF气体流量表与气路系统图

GC102AF气体流量表   单位：mL/min

旋钮圈数	载气稳流阀 氮气(N_2)	载气稳流阀 氢气(H_2)	氢气针形阀 氢气(H_2)	空气针形阀 空气	旋钮圈数	载气稳流阀 氮气(N_2)	载气稳流阀 氢气(H_2)	氢气针形阀 氢气(H_2)	空气针形阀 空气
1	0	0	0	0	5.8	34.0	80.0	78.0	233.0
1.4	0	0	0	0	6	37.22	88.47	87.41	252.31
1.8	0.8	1.6	0	0	6.2	41.0	98.0	98.0	274.0
2	1	2	0	2	6.4	44.0	108.0	110.0	293.0
2.4	2.0	4.0	1.25	7	6.6	48.0	118.0	120.0	315.0
2.8	3.0	6.0	3.0	20	6.8	52.0	128.0	135.0	338.0
3	4.26	8.78	4.0	27.45	7	55.57	139.47	145.19	358.15
3.4	6.10	13.5	7.5	47.0	7.2	60.0	152	157.5	380.0
3.8	9.2	20.0	13	70.0	7.4	64.0	162.0	172.0	405.0
4	11.21	23.50	16.88	83.0	7.6	68.0	166.0	185.0	427.0
4.2	13.0	28.0	21.0	95.0	7.8	72.0	190.0	200.0	450.0
4.4	15.0	34.0	26.5	110.0	8	76.86	202.91	216.86	474.36
4.8	20.0	43.0	37.5	143.0	8.2	81.5	218.0	230.0	500.0
5	22.27	48.99	43.90	159.38	8.4	86.0	232.0	250.0	522.0
5.2	25.0	56.0	52.0	178.0	8.6	90.0		265.0	550.0
5.4	28.0	63.5	60.0	198.0	8.8	95.0			575.0
5.6	31.0	71.0	68.0	215.0	9	100.0			600.0

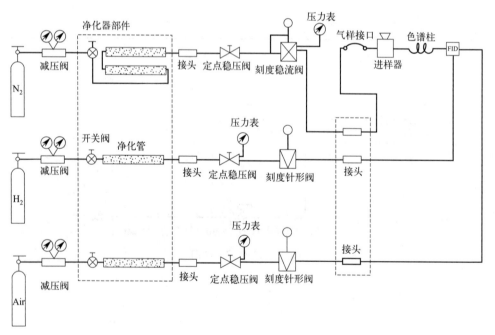

GC102AF气路系统图

参考文献

[1] 白玲,郭会时,刘文杰. 仪器分析 [M]. 北京:化学工业出版社,2013.
[2] 苏明武,黄荣增. 仪器分析 [M]. 北京:科学出版社,2017.
[3] 胡坪,王氢. 仪器分析 [M]. 北京:高等教育出版社,2019.
[4] 陈国松,张长丽. 仪器分析实验 [M]. 南京:南京大学出版社,2019.
[5] 王淑华,李红英. 仪器分析实验 [M]. 北京:化学工业出版社,2019.
[6] 张荣. 计量与标准化基础知识 [M]. 北京:化学工业出版社,2006.